U0256159

大黄鱼声敏感性与行为学研究

殷雷明　宋　炜　叶林昌　著

中国农业出版社
北　京

PREFACE 前言

习近平总书记指出，要树立大食物观，向江河湖海要食物。

大黄鱼是我国近海主要经济鱼类，具有较高的经济价值和文化价值。据2022年《中国渔业年鉴》统计，大黄鱼年产量约为25.14万t，位居我国海水养殖产量首位。福建省大黄鱼产量占全国总产量的80%，大黄鱼已形成涵盖苗种繁育、人工养殖、加工销售、仓储物流及旅游餐饮等领域的较完整的产业链，全产业链产值超百亿元，成为闽东沿海地区乡村振兴的支柱产业。2023年中央1号文件指出，“建设现代海洋牧场，发展深水网箱、养殖工船等深远海养殖”。这是“养殖工船”首次被写入中央1号文件，全球首艘10万t级智慧渔业大型养殖工船“国信1号”已产出高品质大黄鱼1 000余t，产值约1亿元。“国信1号”的成功运营，推动了大黄鱼的养殖区域由近岸迈向深远海，开辟了我国高品质水产蛋白的供给新空间。

目前关于大黄鱼声敏感性和行为学的研究主要集中在发声频谱分析和声暴露试验，而对大黄鱼的听觉特性、生物发声与其生存的声音环境的关系、振动刺激对大黄鱼行为及生理影响，均尚不清楚。笔者通过室内和野外试验，系统地研究分析了大黄鱼的听觉特性、不同养殖条件下的生物噪声频谱特征、不同声刺激条件下的行为及生理反应、不同养殖方式下的运动行为规律，并将以上研究成果梳理汇总，形成本专著，旨在为推动对大黄鱼养殖区水下环境噪声实施监管和对养殖工船内水下噪声实施定量控制，以提升大黄鱼的生长率、存活率及品质提供数据参考和理论依据。

本书第一章至第六章内容由殷雷明撰写，第七章内容由叶林昌和殷雷明共同撰写，第八章、第九章内容由宋炜和殷雷明共同撰写。

由于笔者水平有限，书中错误和不足之处敬请读者批评指正。

殷雷明

2023年4月

CONTENTS 目录

第一章

鱼类的声敏感性与行为反应概述

第一节　研究背景及意义

声音对于许多海洋动物极为重要，在自然水体中具有损耗小、传播速度快、传播距离远的特点。几乎所有海洋脊椎动物都在某种程度上依靠声音来发挥各种各样的生物学功能。海洋生物声学研究表明，频率为 50 Hz 至 10 kHz 的生物噪声（游泳噪声、生物发声、摄食噪声）在防卫、觅食、通信等方面具有重要作用。

大黄鱼肉质鲜美，不仅具有丰富的营养价值，还具有较高的经济价值和文化价值。由于酷渔滥捕，20 世纪 80 年代后，全国大黄鱼渔场已不能形成渔汛。为了补充大黄鱼的资源量，1987 年我国开始大力发展大黄鱼增殖放流工作，持续至今已取得不少成效，但由于标记放流回捕率低等原因，限制了增殖放流种群的数据量积累。在增养殖方面，1990 年大黄鱼规模化人工育苗技术取得关键性突破，促进了大黄鱼养殖产业的快速发展，使其成为我国重要的海水养殖和出口品种之一。2022 年我国大黄鱼养殖产量共达 25. 41 万 t，是我国产量第一的海水养殖鱼种。目前大黄鱼的主要养殖方式为传统普通网箱养殖、大型深水抗风浪网箱养殖、海区放养（海洋牧场、增殖放流）、围栏养殖和工船养殖等。

传统普通网箱养殖模式，主要目标是最大限度提高生产率和经济效益，同时侧重于在极短时间内提高产量。目前的主要问题包括饵料沉降浪费、水生环境污染、水生资源不可持续利用、鱼体内药物残留、水体中药物残留、水体富营养化等，已经威胁到野生生物以及人类的健康。因此，我们在享受大黄鱼养殖业创造出的社会和经济效益的同时，更需要重视因养殖给水域生态系统带来的潜在污染危险。

大型深水抗风浪网箱养殖的优点是网箱体积大且安置于较深水域，能够较好地还原大黄鱼野生的生长环境，网箱内外水体流动量大水质好，养殖鱼可以从自然水体中摄取部分饵料，养殖鱼的品质高于传统普通网箱养殖鱼。其缺点是大水体鱼群活动范围广，监控管理困难，饵料投喂策略难以控制，养殖成本高，海上人工管理操作难度大，具有安全风险。就增殖放流而言，开放海域环境复杂，标记放流回捕率低，种群数据积累量少，均增加了评价放流效果的难度。另外，对于听觉敏感的大黄鱼，海上环境噪声对其健康也会产生影响。国内外现有的深水网箱声学监测技术主要为主动声呐（单波束和多波束），而被动声学监测技术多应用于海洋环境噪声和生物噪声监测。

围栏养殖的养殖水体可达数万至数十万立方米，宽阔的空间和良好的海洋水质环境为大黄鱼的原生态牧养模式创造了优良条件，不仅很大程度上避免了近岸养殖污染等问题，同时，提高了大黄鱼的养殖品质，具有良好的生态效益、经济效益和社会效益。围栏养殖工程造价虽然一次性投入较高，但由于维护管理相对方便，且桩柱可作为休闲旅游的附加平台，提升其潜在价值，近年来备受海水养殖企业的青睐，呈现快速发展的势头。

工船养殖是利用智慧渔业大型养殖工船来进行养殖的方式。在养殖工船内设有养殖舱，养殖舱会联动智慧渔业管理系统和硬件设施，实现养殖环境的实时监控调整、饵料的投喂等，保证大黄鱼能够健康且快速地生长。这种养殖方式的主要特点是可以通过工船的航行为大黄鱼挑选最为适宜的养殖海域；同时，可以根据海洋大数据提供的海洋自然灾害预警信息规避台风、赤潮等自然灾害，降低养殖风险。

鱼类的生物噪声包括游泳噪声、生物发声和摄食噪声。它们是鱼类用于导航和定位的线索，也是个体与配偶、后代及其他同伴进行交流的通信方式。目前国内外关于生物噪声的研究主要包括定位鱼群、诱集捕捞、评估海洋环境噪声，以及判断室内养殖鱼类饵料摄食情况。目前关于大黄鱼声敏感性和行为学的研究主要集中在发声频谱分析和声暴露试验，而对大黄鱼的听觉特性、生物发声与其生存的声音环境的关系、振动刺激对大黄鱼行为及生理影响，均尚不清楚。

2022 年 6 月联合国粮农组织发布《2022 年世界渔业和水产养殖状况》报告，首次提出“蓝色转型”战略，旨在加强渔业高质量发展，加快渔业转型升级，提供更多更好的水产品。而作为真正意义的封闭游弋式“船载舱养”海上养殖设施，“国信 1 号”实现全球范围内从 0 到 1 的突破，进一步推动海水养殖产业从近海走向深远海。发展深远海养殖对工程装备提出了更高的要求，必须为养殖对象提供适宜的养殖环境。因此，研究大黄鱼的声敏感性在未来深远海养殖业中具有重要意义，有助于推动对大黄鱼养殖区水下环境噪声实施监管和对养殖工船内水下噪声实施定量控制，以提升大黄鱼的生长率、存活率以及品质。

第二节　鱼类的听觉特性

一、鱼类听觉的研究现状

鱼类的听觉器官包括内耳（能感觉16～300 Hz的振动）、鳔（对声波振动起强化作用）、侧线（能感觉50～150 Hz的低频振动）、气囊等，由它们综合地感觉声波或水体总的振动。

1903年Parker首次研究了鱼类的听觉能力。1938年Frisch等对鱼类的听觉能力开展了大量研究工作，并首次提出鱼类听觉阈值和信号辨别能力的测量方法，从此将鱼类听觉研究推向第一次高潮。到了20世纪60—70年代，研究者们开始使用鱼类行为学和动物心理学相结合的方法对鱼类听觉能力进行研究，该方法需要对试验鱼进行驯化，方法复杂且具有局限性。

20世纪70年代后，随着医学领域的进步和发展，电生理方法开始被广泛应用。传统的电生理方法是一种侵入性方法，它通过对鱼体局部解剖，用电极记录通过声音刺激诱发产生的微音器电位来测定鱼类的听觉能力。主要记录位置包括听觉球状囊、第八神经纤维、听性脑干和听性通路中的神经元。

另外一种侵入性电生理方法是心电图法（electrocardiogram，ECG）。其原理是，将作为条件刺激的声音和作为无条件刺激的电击相结合对试验鱼进行驯化，即先放一个声音刺激，再紧跟上一个适度的电刺激。反复几次，使试验鱼产生条件反射。然后只放声音，并根据植入试验鱼体内的电极所记录的心电图的变化，判断鱼类的听觉阈值和频率范围。鱼类心电图的研究开始于1910年左右，1957年Otis等首次记录了固定于水槽中的鱼类心电图，1969年Nomura等记录了游泳状态下鱼类的心电图。张国胜(1993)曾先后使用双电极和单电极记录深虾虎鱼和黄盖鲽的心电图，并指出双电极记录尤其适用于小型鱼类。

1971年Jewett首次使用非侵入性方法，从人头皮记录到听性脑干反应（auditory brainstem response，ABR）。1981 年 Bullock 提出这种方法同样能够记录到鱼类的听觉诱发电位（auditory evoked potentials，AEP）。1998 年 Kenyon 等首次使用 ABR 技术测得了鱼类的听觉阈值，并通过对比传统试验方法，认为 ABR 技术是一种非侵入性、无需复杂行为驯化、测量迅速、对鱼体无损伤、试验鱼可重复利用的高效技术手段。

迄今为止使用 ABR 方法记录鱼类 AEP 的研究论文多达 100 多篇，涵盖鱼种 100 多种，涉及研究内容包括鱼类听觉器官发育、鱼类听觉神经通路、鱼类听觉机制、噪声对鱼类听觉能力的影响等。

二、电生理方法与行为方法比较

大多数鱼类所能听到的声音范围是 50～1 000 Hz，少数鱼类能听到大于 3 kHz 的声音，仅有极少数鱼类能够听到大于 100 kHz 的声音。鱼类的听觉敏感性与其鳔的有无、大小、形状及其与内耳连接的生理结构有关。骨鳔类（鳔与内耳通过韦伯氏器连接）听觉最敏感，非骨鳔类次之。无鳔类的听觉能力较差，可听频率范围很小。目前已知可听频率范围最广的是西鲱属的鱼类。

鱼类的听觉阈值，是指鱼类能够听到的最小声压级（sound pressure level，简称 *SPL*，单位 dB）。根据鱼类的听觉阈值绘制的曲线，称为听觉阈值曲线，又称听力图，通常用于描述鱼类的听觉能力。它包括鱼类可听到的频率范围、鱼类的听觉阈值和鱼类听觉最敏感的频率。不同种类的鱼听力频谱范围不同，听觉阈值也不同。通过行为方法和 AEP 电生理方法均可绘制出鱼类的听力图。

行为方法是指将行为学和动物心理学方法相结合，通过驯化来观察鱼类对声音的行为反应，以此判断鱼类的听觉能力。在早期行为学驯化的试验中，在指定区域内播放特殊的声音，当鱼靠近该区域时，给予鱼以食物奖励，以此来观察研究鱼类的听觉能力。此方法的缺点是，当接近听觉阈值时，鱼的行为反应模糊不清，无法精确测量。1970 年，Popper 提出了“回避法”来判断鱼类的听觉阈值，该方法是使用两个互通的水槽，在放声 10 s 左右的时间内，在其中一个水槽中产生电击，使得鱼避让，逃逸到无电水槽中，通过每天 25 次的驯化，使得 90%的鱼在听到声音时，立即自动避让到无电区域。由上可知，行为法需要对鱼进行复杂的行为驯化，且具有局限性。

2013 年 Ladich 根据金鱼的听力图，首次比较了使用行为方法和 AEP 电生理方法所测得的结果，并指出生理感知听觉阈值不等于行为反应听觉阈值。在相同条件下，Ladich 将行为方法和 AEP 电生理方法测得的数据进行平均，生理听觉阈值略高于行为反应听觉阈值，即 AEP 测得的听觉阈值通常低估了鱼类真正的听觉能力。因为声音的质子运动（振动）方式在水槽中和自然水域环境中不同，鱼类在自然水域中更多的是靠质子运动（振动）感知探测而不是只靠声压。Sisnerou 等（2016）建议，在研究鱼类听觉阈值的时候，可在相似声音条件下同时使用这两种方法测量。

三、生物噪声与鱼类行为

海底世界热闹喧嚣，研究者们通常将水下声音分为三大类：地球物理学声音（如风、波浪、潮汐作用、降雨、冰、雷击和地质运动等产生的声音），生物噪声（如鱼类、海洋哺乳动物和无脊椎动物的发声等），人为噪声（如地震勘探、声呐、水下爆破、船舶和海上风电场等产生的声音）。

声音是一种压力振动波，在自然水体中传播时，具有损耗小、传播速度快、传播距离远的特点。海洋生物声学研究表明，频率为 50 Hz 至 10 kHz的声学信号对鱼类防卫、觅食、通信等具有重要意义。

目前已知发声鱼类有 989 种，来自 133 个科。其中大部分属于经济鱼类，包括鳕科、石首鱼科、鲈科、鲳科、鲷科、鲹科和鲇科。

一些无脊椎动物也能发出生物噪声，例如贻贝的贝壳撞击噪声、海胆的摄食噪声、白对虾外壳机械摩擦产生的类似于油炸的“滋滋声”、断沟龙虾和美国龙虾的身体机械振动及触角硬壳摩擦噪声、日本雪蟹摄食时坚硬的牙齿发出的刺耳噪声，以及鱿鱼的游泳噪声。

鱼类的生物噪声包括游泳噪声、生物发声和摄食噪声。它们是鱼类用于导航和定位的线索，也是个体与配偶、后代及其他同伴进行交流的通信方式。

鱼类的发声器官结构多种多样，其发声机制和发声频谱也有所不同。在目前已知的 3 万种鱼类的进化史中，仍有许多鱼类的发声器官结构未被研究。目前普遍认同的鱼类发声分类方法，是按照声音产生的机制分类：①摩擦发声，是指鱼类依靠坚硬的骨骼、咽喉齿、背鳍或胸鳍棘条局部摩擦或拍打鱼体发声；②鳔的振动发声，是指发声肌（或称鼓肌）穿过鳔内部或覆盖在鳔表面，通过发声肌收缩带动鳔振动而发声；③呼吸发声，是指鱼类在吮吸和迅速排气时产生声音；④游泳噪声，是指鱼类游泳产生水动力振动噪声。

鳔的振动发声频率带宽为 50～1 500 Hz，摩擦发声为 50 Hz 至 10 kHz。摩擦发声多数为脉冲音，而鳔的振动发声则可能为脉冲音、纯音、有频率和振幅变化的连续音，或是多种混合音，这与鳔的结构及其发声机制有关。

早期的鱼类发声研究主要是从解剖学和形态学方面进行描述，1908 年 Tower 首次对石首鱼类进行解剖试验，描述了鳔及其附属肌肉为其发声器官，并指出鳔的收缩共振频率与发声的主频率基本一致。1947 年 Dobrin 和 1972 年 Fish 指出鱼体长度越长（鱼鳔体积越大），发声频率越低。

种间内不同的发声机制可以反映鱼类不同的行为状态，包括惊扰、争斗、求偶、产卵以及摄食等。例如，鲇科鱼类，在无威胁状态下会产生鳔的振动发声，在攻击或受惊扰状态下则会产生摩擦发声；石首鱼科鱼类，通过鳔的振动至少可以产生两种类型的发声，一种是受惊扰时产生的惊扰发声，另一种是在产卵期产生的生殖发声；深虾虎鱼是一种无鳔鱼类，它通过咽喉齿摩擦同样可以产生两种类型的发声，一种是用于威吓或争斗行为的脉冲音，另一种则是只在产卵期求偶时才会产生的连续音。

四、被动声学监测与生物噪声测量

被动声学监测（passive acoustics monitoring，PAM）又称作被动声呐，它没有专门的声源发射系统，是通过接收水中目标发出的辐射噪声来实现水下目标探测，确定目标状态和性质，从而进行定位、跟踪与识别。

被动声学监测技术为传统的光学监测方法提供了代替和补充。其优点是：①它是一种非侵入性和非损伤性的观察方法（无噪声投入），可用于发现和监测发声鱼类；②传统的光学监测手段易受地形、距离、季节和天气等因素限制，而被动声学监测技术虽然也会受天气因素影响，但仍可提供优于光学监测所得的信息；③可长期连续地远程监控水下声音信息，为观察鱼类日常和季节的活动分布，以及监控海洋环境噪声污染提供技术支持；④易操作且相对成本较低。

1906 年 Lewies Nixon 发明了世界上第一台被动声呐，在第一次世界大战期间被广泛应用于侦测潜藏在海底的潜水艇。随后，研究者们将被动声学监测技术用于研究海洋生物的发声，涵盖声学监测、录制、存储、分析，以及发声与鱼类行为的关系等研究内容。1954 年 Fish 首次使用被动声学监测技术录制了鱼类生物噪声并进行频率分析；1958 年 Shishkova 首次提出鱼类游泳噪声的概念，随后 1963 年 Skudrzyk 等指出鱼类游泳噪声频率峰值在 100～500 Hz。

石首鱼科鱼类多数是重要的经济物种，从 20 世纪 70 年代至今，它们一直是鱼类发声研究者们主要的研究对象。目前已有 270 多个石首科鱼种（源自 70 多个属）被研究过，研究内容包括石首鱼类的发声机制及其与产卵、求偶和防御等行为的关系。与此同时，被动声学监测技术也进一步发展，其中几个典型试验为：2008 年 Aalbers 和 Drawbridge 首次使用水下视频监控和被动声学监测技术相结合的方法，描述了白鲈在产卵时的发声，并且可以清晰地辨别发声鱼体的体长和性别；2008 年 Holt 首次使用拖曳式水听器阵列沿着得克萨斯州海岸，通过不断监测眼斑拟石首鱼的生殖发声，描述了整个产卵场的分布情况，为被动声学监测技术应用于鱼类产卵地和栖息地的探测研究开启了新的大门，并具有重要的渔业管理意义；2008 年 Anderson 等首次使用被动声学监测技术在淡水水域进行鱼类发声调查，其中少量数据表明豹蟾鱼、缘鼬鳚、云斑鮰、斑点叉尾鮰能够发声，并且呼吁研究者们对不同淡水水域的发声鱼类物种进行研究和补充。

1979 年齐孟鹗等首次使用被动声学监测技术分析了野生大黄鱼发声频谱，从此翻开了我国被动声学监测技术用于鱼类生物噪声测量的历史篇章。1982 年齐孟鹗等研究了梅童鱼群体发声；1999 年许兰英和齐孟鹗测量了叫姑鱼和白姑鱼的生物噪声；2007 年任新敏等测得了大黄鱼觅食及产卵时发出的叫声频率峰值；2010 年刘贞文等采用三种不同规格（分别为 1 cm、10 cm 和 20 cm）的大黄鱼作为研究对象，测得了其在自由状态和惊扰状态下的叫声频谱。

近些年来，低电耗电池、大容量存储器以及电脑软件程序技术的发展，极大地促进了被动声学监测技术在海洋生物行为观察上的应用，当前的被动声学监测系统已具备分析处理所有记录声音数据的功能，例如，通过电脑系统或声呐矩阵，可以离线分析长期的环境噪声日志，或对监测声音进行实时分析。

目前，测量鱼类生物噪声常用的被动声学监测系统包括：①具有前置放大功能的水听器，且灵敏度应大于－170 dB（re 1V/μPa），频率带宽应覆盖鱼类的发声频率（20 Hz 至 4 kHz）；②水下录音设备，应具备可存储为 WAV 格式、采样频率为 44. 1 kHz、比特率为 16 bits/s（或更高）等高质量录制功能；③声音数据处理系统，常用软件有 MATLAB（MathWorks，美国）、Avisoft-SASLab Pro（Avisoft Bioacoustics，德国）、Adobe Audition（Adobe，美国）、PULSE Reflex Core（B&K，丹麦）和 Raven Pro（Cornell Lab of Ornithology，美国）等。

五、人为水下噪声对鱼类的影响

2006 年 Grenuit 和 Bray 首次提出了“声境”（soundscape）的概念，是指给定区域内的所有声音来源的组合，包括自然声音和人为声音，并且随环境的变化而改变。它与广义的声学术语有着重要区别，2014 年国际标准化组织（ISO）将其定义收录。

自 20 世纪 60 年代以来，地震勘探、声呐、水下爆破、船舶、海上风电场等给海洋环境带来了不同程度的噪声污染，尤其是人为产生的低频噪声（小于 500 Hz）干扰了鱼类的“声境”，对鱼类的生理、行为以及种群等方面产生了影响。具体如下：

（一）听力和听组织损伤

噪声对鱼类的听力损伤可以分为暂时性听觉阈值位移和永久性听觉阈值位移。目前，主要是在实验室通过短期或长期噪声暴露试验研究噪声对鱼类听觉能力的影响，使用的噪声源包括纯音、白噪声、人为噪声的录音回放等，其次是在野外使用军用声呐、地震勘探气枪等进行原位噪声暴露试验。在噪声暴露试验后，利用行为学或者电生理方法来确定鱼类的听力损伤程度。

Scholik 等（2002）在试验室研究了白噪声（300 Hz 至 4 kHz，142 dB）对黑头呆鱼听力的影响。结果表明，白噪声影响了黑头呆鱼的听力尤其是在其最敏感的听力范围（800 Hz 至 2 kHz）内，在白噪声暴露 14 d 内，其听力没有恢复正常。之后，他们将噪声源换成野外船舶噪声的录音回放后，发现船舶噪声同样显著提高了黑头呆鱼的听觉阈值，在 1 kHz 提高了 7. 8 dB，在 1. 5 kHz 提高 13. 5 dB，在 2 kHz 提高 10. 5 dB。

Halvorsen 等（2006）和 Popper（1970）分别使用美国海军拖曳式线列阵声呐传感器系统研究了低频率主动探测声呐噪声对虹鳟、斑点叉尾鮰和驼背太阳鱼的影响。将装有这些鱼类的网箱沉入水下，暴露在声压级峰值为 193 dB 的噪声下，记录鱼类的行为变化，然后利用听性脑干反应来检测它们的听觉灵敏度。结果表明，虹鳟和斑点叉尾鮰出现了听觉暂时性阈移，而驼背太阳鱼则没有明显的变化。电镜检查鱼类内耳听觉毛细胞无损伤，鳔和其他非听力器官也没有任何损伤。

Smith 等（2006）利用金鱼研究了听觉毛细胞损伤与听力损伤的关系。经过 48 h 的白噪声暴露，金鱼发生明显的听觉阈移和听觉毛细胞损伤。停止暴露 7 d 后，听力开始逐渐恢复，停止暴露 14 d 后恢复正常，而听觉毛细胞则没有完全恢复正常，损伤仍然很明显。这表明，只有小部分听觉毛细胞对金鱼的听觉能力是必需的，其他种类还需要进一步研究。

（二）行为变化

噪声对鱼类的影响，包括瞬时惊吓反应、趋避反应（逃离噪声源）以及由听力受影响而引起的通信行为、洄游行为的改变等。Pearon 等在加利福尼亚州中部海岸研究了地震勘探气枪对石斑鱼捕捞量的影响。他们用可以产生最大噪声级 223 dB 的空气枪作为噪声源，在石斑鱼群聚集的地方测得的噪声声压级为 186 dB。研究发现，在距离试验点 10 km 范围内，与勘探前相比捕捞量下降了 52%。同时，还发现在噪声级大于 160 dB 时，鱼类会产生惊吓反应。Engås 等研究发现，地震勘探活动导致了巴伦支海中部 40 n mile 范围内的大西洋鳕和黑线鳕的拖网捕捞量下降约 50%，大西洋鳕的延绳捕捞量下降 21%。而渔获物中，成鱼（大于 60 cm）明显减少。在地震勘探结束 5 d 后，捕捞量仍没有恢复到地震勘探前的水平。鱼类暴露在噪声环境下的惊吓和趋避反应，导致了当地捕捞量的下降。Wardle 等（2001）在苏格兰沿海一处珊瑚礁处研究地震勘探气枪噪声对鱼类影响时，也发现鱼类有瞬时惊吓反应及趋避行为。Slotte 等（2004）研究了地震勘探活动对挪威西部海域内两种表层栖息鱼类（鲱和蓝鳕）产生的影响。当地震勘探气枪开始作业时，他们发现鱼类开始逃离勘探地点，直到勘探活动结束也没有回到原来的活动地点，同时还发现鱼类在趋避气枪噪声时，垂直运动要多于水平运动。

Codarin 等（2009）和 Vasconcelos 等（2007）的研究发现，船舶噪声影响了多种鱼类的听觉灵敏度，并对这些鱼类寻找配偶、觅食和个体打斗等依赖声音通信的行为产生了影响。Sara 等（2007）在意大利埃加迪群岛附近海域，研究了船舶噪声对蓝鳍金枪鱼洄游行为的影响。研究结果表明，船舶噪声影响了蓝鳍金枪鱼的索饵洄游与产卵洄游的准确性。Engås 等也发现噪声导致鱼类逃离噪声源，影响了鱼类的摄食和交配。

目前关于噪声对鱼类行为影响的研究较少，不仅缺乏即时行为反应的数据，而且还缺少长期噪声积累可能对鱼类行为造成影响的研究，因此还需要进一步深入研究。但研究的前提是要区别鱼类在实验室环境和自然状况的行为差异。

（三）组织器官损伤

水下爆破时产生高强度、高能量的噪声，以波动的形式向外传播，在其影响范围内的鱼类，最容易出现鳔的损伤，其次还有肝、脾、肾等内部器官。当距离爆炸点足够近时，还会导致鱼类的体表受伤，甚至是直接死亡。Keevin（1998）研究了水下爆破对蓝鳃太阳鱼的影响，结果表明鱼类不同的器官在爆炸中受到的影响有很大的差别，受到影响的器官有心、肝、肾、脾、鳔、血管和皮肤等。其中受影响最为严重的是鱼鳔和内部血管，这些损伤可导致鱼类的死亡。随着距离的增加，影响越来越小，当到达一定距离时（该试验中的距离是 45 m），鱼体将不再受影响。

（四）应激反应和免疫力下降

水下噪声可能引起鱼类的应激反应。Smith 等（2006）研究了噪声对金鱼的影响，结果表明在经过白噪声（160～170 dB）暴露 10 min 后，金鱼血液中的皮质醇激素和葡萄糖含量比暴露前显著提高。Wysocki 等通过船舶噪声录音回放研究了其对鲤、鮈和欧洲河鲈的影响，研究结果表明 3 种鱼类的皮质醇分泌增多，应激水平均有显著提高。Filiciotto 等（2016）通过回放近海和室内养殖环境噪声，研究了在声暴露 40 d 后金头鲷幼鱼的血液生理指标，结果表明金头鲷血液内的氧化状态、溶菌酶活性、抗蛋白酶活性和白细胞总量大幅度提高，而白蛋白与球蛋白的比率下降，最终导致鱼类免疫功能下降。

（五）室内养殖环境噪声

养殖环境有混凝土水池、玻璃钢水槽或者土池等，与自然环境不同，它们属于小水体。这些小水体在高密度的养殖条件下需要各种各样的设备来维持适宜的水质，包括空气压缩机、增氧机、通风装置、水泵、过滤设备、水循环设备以及其他维持设备等，这些设备的使用大大增加了养殖环境的噪声水平。Bart 等（2001）和 Craven 等（2009）分别测量了混凝土水池和封闭循环玻璃钢水槽养殖环境噪声，结果表明高频噪声（1～2 kHz）一般来源于电动机、增氧机、空气压缩机、水泵等电动设备；而水流、地面震动、水池墙体震动等均为低频噪声（25 Hz 至 1 kHz）。这些设备噪声的频率范围涵盖了大部分曾经研究过的硬骨鱼类的听力敏感范围（50 Hz 至 1 kHz）。因此，研究者们提出了福利养殖与人道养殖的观点，呼吁养殖者在封闭式或开放式水产养殖水槽内，要考虑养殖设备噪声对鱼类健康的影响，为水产养殖鱼类谋取适宜生长的“声境”福利。

尽管以上这些问题在研究者和立法管理者中引起了广泛热议和关注，但仍然会被普通民众所忽略。人们还没有意识到人为海洋活动产生的噪声污染与其他常见的污染一样具有严重的危害。2010 年“聋鱼计划”（The Deaf as a Fish Project）在意大利发起，该计划通过印刷发放海洋科普小册子和公共宣讲等方式，向民众宣传海洋环境噪声对鱼类潜在的危害，呼吁大众加入监督海洋环境噪声“排放”和保护鱼类健康的行列中。

第三节　鱼类对不同类型声音的行为反应

鱼类对声音的行为反应主要有：正趋性，即游向声源；负趋性，即游离声源；无反应，这包括在起初有所反应，而后对声响产生适应性而无动于衷。声诱捕捞技术，正是利用鱼类对声音的正趋性，在水中播放鱼类的生物噪声（如摄食噪声、生物发声、游泳噪声等）使鱼集群，并诱导鱼群进入预定的捕捞区域，从而达到集中捕捞的目的。1977 年日本建立了世界上第一个使用声诱鱼类技术的海洋牧场。随后，中国、澳大利亚、美国、英国、苏联、新西兰和法国等国家也相继拉开了声诱鱼类研究的序幕。声诱鱼类试验所用的声源主要为人工合成音（正弦波、矩形波、脉冲音等）和生物噪声。

一、鱼类对人工合成声音的行为反应

鱼类对人工合成声音的反应，并不是首次听到就能产生正趋性（多数为负趋性），而是需要周期性地放声配合投饵来驯化，使鱼对人工合成声音形成条件反射后才能进行声诱集，该方法被称为音响驯化。

早期日本在海洋牧场中使用该方法对牙鲆、真鲷、黑鲪、许氏平鲉等鱼类进行了音响驯化，达到了声诱鱼类集群的效果，并在此基础上实现了声导鱼技术。其中，较著名的是在日本鹿儿岛海域进行的真鲷声导试验。试验所用的声导鱼装置（fish guidance device，简称 FGD，日本东京），其前端是装载水下放声系统的拖曳船，后端连接着投喂拖曳装置。投饵拖曳装置中间为聚氯乙烯管，两端由铝框架固定。上下端共装有 3 个水下摄像头，便于实时观察水下鱼类的行为反应。试验鱼为体长约 50 mm 的真鲷，水下放声为 300 Hz 短纯音。分为 3 个对照组：第 1、2 组为经过音响驯化的 1 000 尾鱼，第 3 组为未经过驯化的 700 尾鱼。第 1 组只放声不投饵，第 2、3 组放声配合投饵。试验结果表明：第 1 组仅有 170 尾鱼跟随了 FGD 装置，跟随距离不足 500 m，跟随率最低；第 2 组在拖曳距离达到 1 000 m 时跟随率高达 80%，但因船突然转弯形成大面积波浪，使得鱼群逐渐散去，跟随率迅速下滑；仅有第 3 组跟随距离最远，达到 3 000 m 且跟随率为 40%。本次试验证明了结合声学和食物刺激，大数量的鱼群可以跟随声源移动至少 1 000 m。

国内早期相对系统的音响驯化试验是从淡水鱼类开始的。2002 年张国胜等首次使用 400 Hz 正弦波连续音，对鲫幼鱼进行了音响驯化试验；

2004 年张沛东等使用同样的声音对鲤、草鱼进行了音响驯化和移动声源诱集试验，且鲤的聚集率最高可达 100%。而后，姜昭阳等（2008）和邢彬彬等（2009）分别根据波形和试验鱼体长的改变，对鲤进行了音响驯化试验，结果分别证明了：矩形波对鲤平均聚集率为 89.7%，鲤体长越小，聚集效果越高。

2003 年张国胜等提出了在我国海域建设海洋牧场的意义和可行性。次年，张国胜等首次使用音响驯化方法提高了黑鲷的饵料利用率，从此极大地推动了国内海水鱼类音响驯化的研究热潮，并为我国海洋牧场的建设发展提供了翔实的理论依据和实践指导意见。

另外具有参考价值的观点是，Lima 和 Dill（1990）指出决定鱼类行为反应的因素主要是鱼处于什么样的状态（饥饿或警惕）。鱼群对人工刺激音的反应，不仅是因为原本“声境”的改变，同时也可能体现出鱼群“被捕食”的潜在危险。鱼群对“被捕食”危险的行为反应，更能够帮助我们理解声音对鱼类行为的影响。

Handegard 等（2012，2016）认为，鱼类对人工音的类似被捕食风险的行为反应，不仅取决于声音的频率与声压级强度，还与鱼群数量和鱼群内部结构有关。因为，参与集群的个体数量不同，形成的集群防御结构也不同，且鱼群个体数量越多越容易产生集群现象，所以鱼群的行为反应也可以依靠鱼群个体数量和结构变化来进行预测。

二、鱼类对生物噪声的行为反应

与音响驯化技术不同，鱼类对生物噪声的行为反应无需驯化，生物噪声是鱼类所适应“声境”中具有生物学意义的声音，鱼类对其存在本能的正趋性。

日本渔船试验室为寻找合适的声音类型用于声诱技术，曾对多种鱼类进行了生物噪声诱集探索性试验，这里生物噪声主要为试验鱼在摄食过程中产生的摄食噪声和游泳噪声。坂诘博和津岛三郎（1966）对五条鰤进行声诱集试验，当水下播放五条鰤的摄食噪声和游泳噪声时，五条鰤从水下 50～80 m 处上升至水下扬声器所在 15 m 处水层，当只投饵不放声时，五条鰤却无动于衷；坂诘博等（1967）又在水温低于 13.5 ℃的网箱中播放五条鰤的摄食噪声和游泳噪声，使得原本对其附近饵料无动于衷的五条鰤出现了企图摄食的行为；1967 年针对鲐和 1972 年针对鲹的摄食噪声和游泳噪声的声诱集鱼群试验也取得成功。

竹村旸等（1988）首次对比分析了投喂鱼肉的五条鰤和投喂硬颗粒饵料的鲤的摄食噪声频谱，指出摄食声音是一种随机的脉冲音，并利用滤波器处理分离出 100～5 000 Hz 的游泳噪声（低频率带宽）和咀嚼食物噪声（高频率带宽），以及未经过滤波处理的接近原声的声音，分别进行水下放声诱集试验。诱集率的结果由高到低依次为原声、咀嚼食物噪声、游泳噪声，证明了摄食过程产生的生物噪声具有生物学意义。而后，关于生物噪声诱集鱼类的研究却少见发表。

三、鱼类对振动噪声的行为反应

众所周知，声音由粒子振动和声压组成。粒子振动是一个矢量单位，具有方向性，而声压则是一个标量单位，没有方向性可言。因此，声音在水中由水粒子传播过程中，可以被鱼类探测定位其方向。1967 年 Banner 首次使用标准地震探测器测量了声学粒子振动，并证实了柠檬鲨可感知声粒子位移。而后，1996 年 Lu 等使用自制振动系统从 -90°～90°方向对鱼类粒子振动行为感知阈值进行了测量，并提出粒子振动在鱼类听觉测量中更精准。

Nedelec 等（2021）认为所有的鱼类（包括板鳃类）都能探测和利用水中粒子的运动，特别是在几百赫兹的频率条件下尤为显著。Hawkins 等（2015）认为所有鱼类对水粒子运动的感知是不可或缺的，借此定位声源的方向，甚至在那些对声压敏感的鱼类中也是如此。目前国内外关于声音对于鱼类影响研究极多，但是这些研究都是关于声压刺激对鱼类行为反应、生长速率、生理生化指标的影响，而关于振动噪声对鱼类影响的研究却极少。大多数关于声音和鱼类的研究只包括对声压的测量，很少有人考虑在相同条件下水粒子运动（振动）对鱼类的影响。

第二章

网箱养殖大黄鱼水下声音与行为反应

第一节　引　　言

关于大黄鱼发声的研究，1979 年齐孟鹗等录制了大黄鱼产卵场内的叫声，频率范围在 130 Hz 至 4 kHz，主峰值在 630～800 Hz。陈毓桢（1983）研究了在产卵场大潮汛时大黄鱼群体叫声；粘宝卿等（1999）提出了对声屏障圈养大黄鱼的展望；任新敏等（2007）研究指出大黄鱼觅食与产卵时的叫声频谱特性一致，中心频率峰值约为 800 Hz，认为叫声频率与鱼鳔的结构特性有关，而与行为关系较小；刘贞文等研究发现大黄鱼的发声频率峰值为 550～750 Hz；魏翀等（2013）运用分段指数振荡函数合成了大黄鱼声信号。

笔者通过测量不同条件下，网箱内养殖大黄鱼在惊扰和摄食过程产生的生物噪声（游泳噪声、生物发声、摄食噪声）和网箱外水下环境噪声的频谱特性，结合部分石首鱼科鱼类的听觉阈值，分析了水下声音与大黄鱼行为反应的关系，旨在为今后分析评估大黄鱼日常摄食和活动状态提供参考依据。

第二节　网箱周围水下声音测量方法

一、水下声音测量点

2016 年 3 月和 6 月，分别对浙江省象山县西沪港（29°31′59″N、121°45′5″E）和福建省福鼎市沙埕港（27°13′37″N、120°23′40″E）网箱养殖大黄鱼周围的水下声音进行测量并观察记录网箱内大黄鱼的行为反应。网箱内大黄鱼体长为 17～20 cm，体质量为 100～150 g。西沪港和沙埕港大黄鱼试验网箱规格分别为 3 m×3 m×3 m 和 8 m×4 m×4 m，养殖密度分别约为 25 尾/m^3和 30 尾/m^3。水下声音测量时，将装有防撞击装置的水听器用重锤悬垂稳定于水面下 1 m 处，防止水流扰动和鱼类直接撞击。为避免人为干扰，选取网箱外 5 m 处为水下背景噪声参考测量点。而网箱内日常投饵位置则作为大黄鱼生物噪声的测量点。

西沪港位于象山港中部东南侧，是滩涂面积较大的内港。在 3 月 20

日至22日试验期间，西沪港大黄鱼网箱养殖区海域风速为2.6 m/s，海况2级，水温（16±1)℃，温度较低，大黄鱼活性较差，网箱附近有挖沙船作业和渔船经过。

沙埕港则是以水深无礁、不起风浪、航道稳定闻名的天然良港。在6月19日至21日试验期间，沙埕港大黄鱼养殖区海域风速为1.3 m/s，海况小于2级，水温（27±1)℃，温度适宜，大黄鱼活性正常。

二、声音采集与分析方法

为了获取大黄鱼在不同状态下的行为反应和生物噪声频谱，试验分为两部分：7：00在网箱内起网捕鱼时采集大黄鱼鱼群惊扰时的声音频谱；17：00在网箱内投饵时采集大黄鱼摄食过程的声音频谱。每次试验前先在网箱外采集背景噪声作为参照值。整个试验过程保持人员安静无走动，机械设备关闭。

水下声音信号利用水听器（ST 1030型，OKI，日本）采集，内置前置放大器灵敏度为：－178 dB（re 1V/μPa)，连接带有带宽滤波器和功率放大功能的声级计（SW 1030型，OKI，日本）以进行声压均值显示和A/D转换，通过专业数字式录音机（纳格拉SD，AST，瑞士）以比特率16 bits/s、48 kHz采样频率存储为WAV格式的声音文件（以上试验装置均使用电池），最后进行离线分析。本次试验测量频率带宽为20 Hz至24 kHz，每个测量站点进行3次间隔10 min的重复测量，每次测量时间长度为2 min，各站点重复测量3 d。

声音文件首先由Praat（Praat：doing phonetics by computer，Praat）语言学软件（6.0，阿姆斯特丹大学，荷兰）进行回放辨听，并参照Amorim等（2004）对摄食声音进行振幅和时频共振峰分析。然后，采用PULSE Reflex Core软件（19，B&K，丹麦）对水下背景噪声进行快速傅里叶（FFT）转换并绘制频率图谱，并针对鱼类生物噪声的频宽特性进行1/3倍频程分析和时频声压级计算，最后结合Wenz谱分析各个测量点的频谱特性。

时频平均声压计算公式：

$$\bar{I}=\lim_{T\to\infty}\frac{1}{T}\int_{-T/2}^{T/2}p^{2}(t)\mathrm{d}t \qquad (式2-1)$$

式中：$\bar{I}$——测定时间内的平均声压值，单位：Pa；

T——测量时间，单位：s；

p——时频声压值，单位：Pa；

t——时间常量，单位：s。

声压级计算公式：

$$L_{pf} = 20\lg \frac{p_f}{p_0} \quad \text{（式 2-2）}$$

式中：L_{pf}——噪声频带声压级，单位：dB；

p_f——测得的一定带宽噪声声压，单位：Pa；

p_0——基准声压，单位：Pa，通常取 $p_0 = 1\ \mu Pa$。

第三节　网箱周围水下声音解析

一、网箱周围水下声音频谱分析

2016 年 3 月 20 日至 22 日，在象山县西沪港大黄鱼养殖区测量点，测得网箱内外水下声音频谱（图 2-1）。结合 Wenz 谱分析得出水下声音主要来源为：50～500 Hz 的海上船舶噪声、500 Hz 至 24 kHz 的风成和海面粗糙度（碎波浪）噪声和 5 000～7 000 Hz 峰值的工业噪声。而网箱内，由于水温较低，大黄鱼不摄食、无叫声、活性低，仅有鱼群零星游动产生的游泳噪声和表面波浪噪声（200～1 000 Hz），其余部分与网箱外环境噪声基本一致。

2016 年 6 月 19 日至 21 日，在福鼎市沙埕港大黄鱼养殖区测量点，测得水下声音频谱图（图 2-2），结合 Wenz 谱和 Praat 时频共振峰分析（图 2-3）得出水下声音主要来源为：①网箱外环境噪声，主要噪声来源为养殖户的小型船舶噪声（50～500 Hz）及 500 Hz 至 24 kHz 的风成和海面粗糙度（波浪）噪声；②网箱内生物噪声频率范围在 20～2 200 Hz，包括起网捕鱼过程中大黄鱼的惊扰声（逃逸游泳噪声、惊扰发声、起网产生的表面波浪）和投饵过程中的摄食噪声（图 2-3-b）（觅食游泳噪声、摄食发声、吞食产生的水体表面搅动与气泡破裂声）。

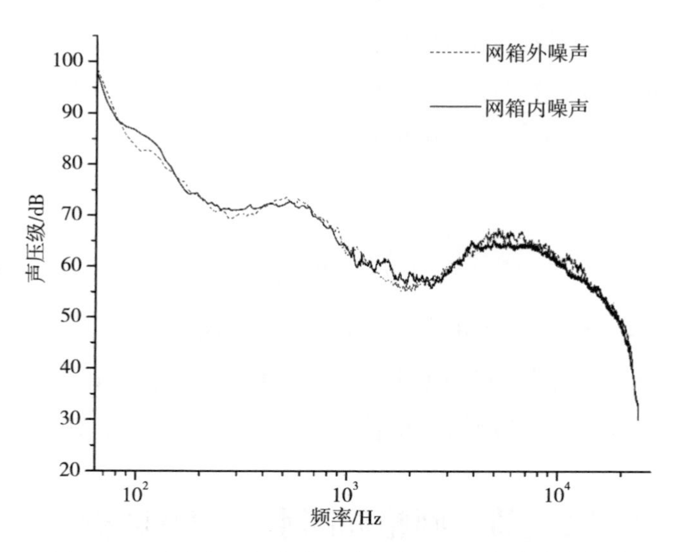

图 2-1　西沪港网箱养殖大黄鱼水下声音频谱分析结果

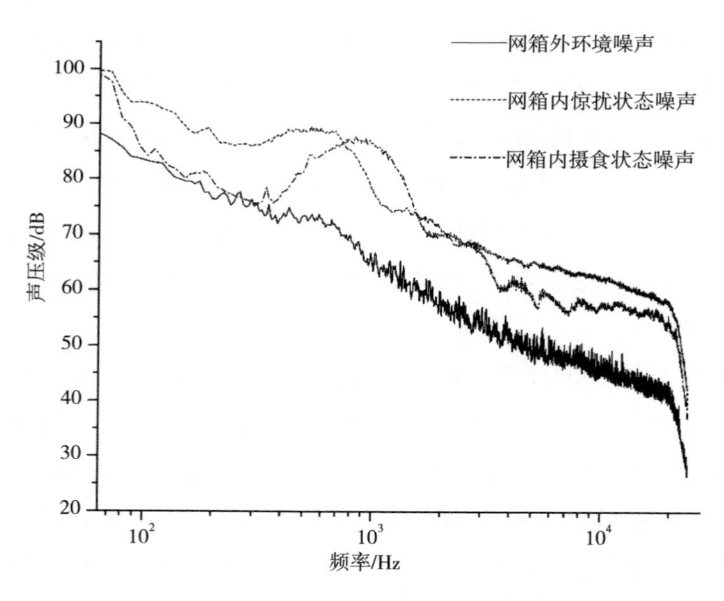

图 2-2　沙埕港网箱养殖大黄鱼水下声音频谱分析结果

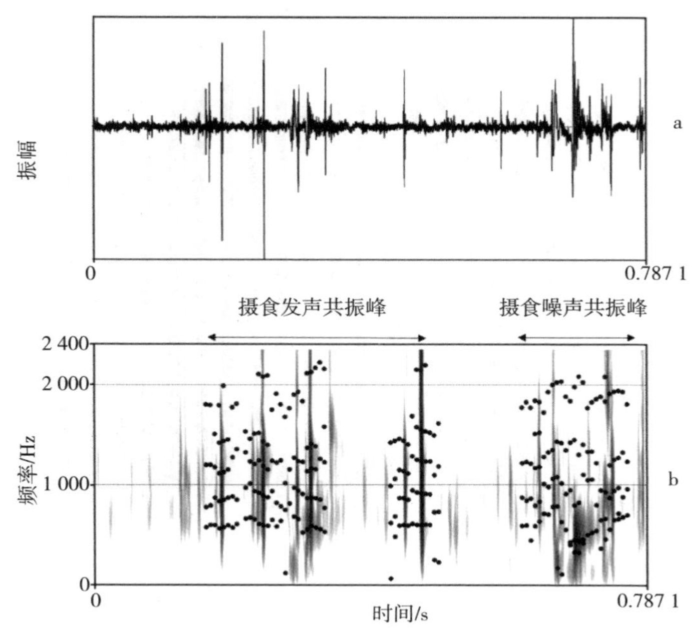

图 2-3 大黄鱼摄食声音 Praat 分析示意图
（a：振幅；b：共振峰）

二、大黄鱼生物噪声 1/3 倍频程分析

由图 2-2 和图 2-3 可知，大黄鱼的发声频率范围在 200～2 100 Hz，网箱内鱼群自由游泳噪声频率在 50～400 Hz，大黄鱼网箱内摄食过程产生的声音频率在 20～2 200 Hz，因此，将声音样本的频率段截取 20～2 500 Hz 进行 1/3 倍频程分析。

由图 2-4 可知，大黄鱼在摄食过程中产生的摄食发声中心频率峰值在 800 Hz，惊扰发声中心频率峰值在 630 Hz，惊扰发声的声压级（*SPL*）略高于摄食发声。在声音样本中（图 2-3-b），摄食发声与大黄鱼摄食行为产生的水体表面搅动与气泡破裂的“噗通”声在1 000～1 250 Hz 的共振峰有叠加，因此，在该频率段上的 *SPL* 高于惊扰状态。

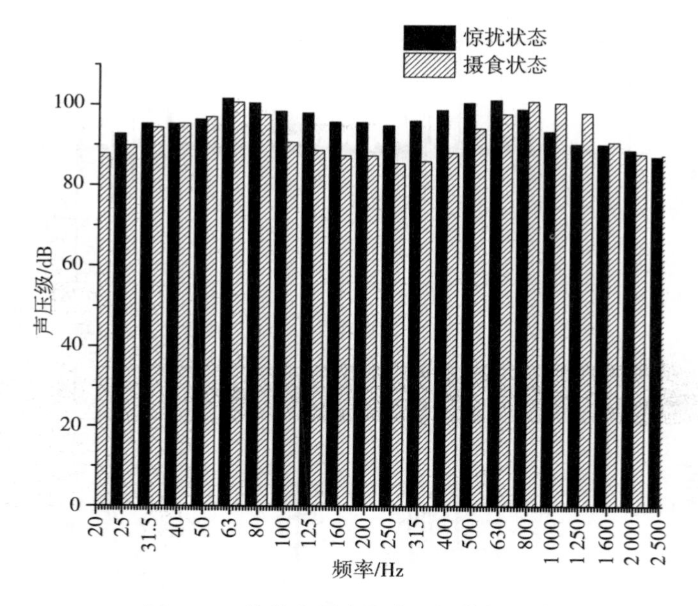

图 2-4 惊扰和摄食发声 1/3 倍频程分析

三、行为反应与生物噪声声压级分析

由图 2-1 可知，象山县西沪港网箱内大黄鱼处于低温低活性状态，无发声和摄食行为，各频率段内噪声的 *SPL* 与背景噪声基本一致。而在温度适宜的福鼎市沙埕港网箱内大黄鱼的生物噪声 *SPL* 随其行为反应的改变而产生变化（图 2-4）。

捕鱼过程大黄鱼的行为反应：在起网捕鱼过程中，大黄鱼出现惊吓逃逸反应，个别鱼在水面呈跳跃状爆发式游动，鱼群伴随发出“咕噜”（grunts）的叫声。鱼群在受到惊扰后产生爆发式游泳行为，游泳噪声 *SPL* 为 96.36 dB，高出同频率条件下网箱外背景噪声 10 dB 左右；大黄鱼惊扰发声中心频率峰值在 630 Hz，*SPL* 为 101.11 dB，高出同频率条件下背景噪声约 16 dB。

在投饵前大黄鱼鱼群自由游动，投饵片刻后大量鱼群逐渐浮出水面，并做出吞食动作，同时鱼群发出“咯咯”的叫声，水面伴随鱼群吞食产生气泡破裂声。由表 2-1 可知，鱼群摄食的游泳噪声 *SPL* 为 91.12 dB，高出同频率背景噪声 3.48 dB；大黄鱼摄食发声中心频率峰值在 800 Hz，

SPL 为 100. 78 dB，高出同频率背景噪声 17. 96 dB；吞食产生的水体表面搅动与气泡破裂的声音峰值 *SPL* 为 99. 11dB，高出同频率背景噪声 19. 93 dB。

第四节 讨 论

一、环境噪声对大黄鱼行为的影响

根据 Horodysky 等（2008）所测的石首鱼科鱼类的听觉敏感频率在 100～1 000 Hz，因此，本次试验测量频率带宽采用 20 Hz 至 24 kHz，排除了对石首鱼科鱼类影响较小的 20 kHz 以上的超声。声压级强度大小对鱼类的影响可分为听觉区域（又称感知区域）、反应区域（正趋性或负趋性以及生理反应）、遮蔽区域、伤害区域和致死区域。

在大黄鱼听觉敏感频率范围内的人为噪声主要为 50～500 Hz 的船舶噪声，*SPL* 约 88 dB，低于部分石首鱼科鱼类的听觉阈值。因此，船舶噪声对两个测量站点网箱内大黄鱼听觉能力无影响。而在沙埕港测量站点，大黄鱼的叫声 *SPL* 约为 101. 11 dB（惊扰发声 630 Hz）和 100. 78 dB（摄食发声 800 Hz），均高于同频率条件下背景噪声，且略高于部分石首鱼科听觉阈值。根据试验观察，大黄鱼的逃逸反应和摄食反应表现正常，可认为该测量点网箱养殖环境噪声对大黄鱼的声通信和摄食行为无影响。

二、网箱内大黄鱼的生物噪声与行为关系

本次试验测得网箱内大黄鱼的生物噪声包括游泳噪声（自由状态、惊吓逃逸状态、摄食状态）、生物发声（惊扰发声和摄食发声）和摄食噪声。

Nursall（1962）指出鱼类在加速和转弯时产生的水动力游泳噪声最大，且使用水听器可以接收到。藤枝繁等对网箱内养殖的真鲷、五条鰤、黄尾鰤、高体鰤、红鳍东方鲀游泳噪声进行了测量，结果显示，高密度鱼群自由游泳噪声频率在 50～400 Hz；200～1 000 Hz 范围内有鱼类零星游动产生的游泳噪声和表面波浪噪声。本次试验发现，在 50～400 Hz 频率范围内，大黄鱼惊扰状态下的游泳噪声 *SPL*＞摄食游泳噪声 *SPL*＞背景噪声 *SPL*，与 Nursall（1962）和藤枝繁等所得结果一致，说明大黄鱼

受惊扰状态下游泳活动较激烈。通过监测对比不同状态下游泳噪声 *SPL* 的变化可以推测大黄鱼的行为状态，因为游泳行为越激烈，游泳噪声声压级越高。此外，由于大黄鱼摄食行为产生水面搅动波浪以及吞食产生水体气泡破裂声，在 1 000～1 250 Hz 同频率条件下，摄食状态 *SPL*＞惊扰状态 *SPL*＞背景噪声 *SPL*，在此频率段结合 Praat 共振峰分析和大黄鱼游泳噪声 *SPL* 的变化，可推测出大黄鱼的摄食状态是否正常。

本次试验测得大黄鱼发声频谱中，惊扰发声频率峰值在 630 Hz，摄食发声频率峰值在 800 Hz，与前人所测结果（500～800 Hz）相一致。Connaughton 指出，主导鱼叫声主频率峰值的是发声肌肉收缩持续时间，体长与叫声主频峰值成反比，即体长越长，发声肌肉收缩力量越大，收缩持续时间越长，叫声主频率峰值越低。本次试验鱼体长均在 17～20 cm，年龄均为 16 个月，排除年龄与体长对发声的影响因素，鱼类在受到惊扰时，心率会增加、血液内皮质醇以及肾上腺素含量会上升，从而导致鱼体肌肉收缩能量增加，因此，发声肌肉收缩持续时间也会相对变长，最终使得发声频率变低。由此可认为，大黄鱼的发声峰值与行为反应也有直接关系。

声音是大量海洋动物偏爱的传感介质，几乎所有海洋脊椎动物都在某种程度上依靠声音来发挥各种各样的生物学功能。鱼类利用生物噪声可以进行定位、求偶、避开捕食者、发现猎物以及进行声通信交流。同样，我们也可以利用网箱内生物噪声来推测鱼类行为。因此，今后在网箱养殖生产管理及研究工作中，一方面，要加强监测海洋环境噪声对鱼类健康状态的影响；另一方面，要利用网箱内养殖鱼类的生物噪声，通过提取有效声音信息来分析评估鱼类日常摄食和活动状态。

综上所述，本次试验以网箱养殖大黄鱼为例，论证了生物噪声与行为反应的关系，生物噪声是直接有效的反馈鱼类行为状态的依据，利用水声设备远程监控鱼类行为的方法在深海网箱和大型围网养殖业中有广阔的应用前景。

第三章

室内养殖大黄鱼水下声音测量与分析

第一节 引 言

近年来，关于人为噪声对水生生物影响的研究越来越多，研究者们提出了福利养殖与人道养殖的观点，呼吁养殖者在封闭式或开放式水产养殖水槽内，要考虑养殖设备噪声对鱼类健康的影响，为水产养殖鱼类谋取适宜生长的声音环境福利。

养殖环境有混凝土水池、玻璃钢水槽或者土池等，与自然环境不同，它们属于小水体。这些小水体在高密度的养殖条件下需要多种设备来维持适宜的水质，包括空气压缩机、增氧机、通风装置、水泵、过滤设备和水循环设备等，这些设备的使用大大提升了养殖环境的噪声水平。Bart 等（2001）和 Craven 等（2009）分别测量了混凝土水池和封闭循环玻璃钢水槽养殖环境噪声，结果表明高频噪声（1 000～2 000 Hz）一般来源于电动机、增氧机、空气压缩机、水泵等电动设备；而水流、地面震动、水池墙体震动等均为低频噪声（25～1 000 Hz）。这些设备噪声的频率范围涵盖了大部分硬骨鱼类的听力敏感范围（50～1 000 Hz）。

在高强度噪声短暂暴露下，鱼类会产生暂时性失聪（即听觉阈值偏移或改变）、应激水平提高，引起血液循环系统和神经组织的损伤，同时还会引起行为的改变，如趋避噪声源、逃离摄食和产卵场所等。一般情况，噪声不会导致鱼类的直接死亡，然而长期的噪声暴露则可能会降低鱼类的摄食转换效率、生长率、免疫力、存活率和繁殖率等，最终影响到养殖效果。

鱼类的摄食声音是生物噪声的一种，它包括鱼类捕食时产生的游泳水动力噪声、咀嚼食物的噪声和部分发声鱼类伴随发出的叫声。一方面，鱼类利用摄食过程产生的生物噪声进行通信交流；另一方面，研究者可以根据摄食生物噪声判断养殖鱼类的摄食情况从而进行饵料投喂调控。

笔者设计了试验，通过测量不同条件下圆形玻璃钢循环水槽内的背景噪声和大黄鱼摄食声音，分析了养殖设备噪声和摄食声音的声压级强度和频率特征，并讨论了对鱼类健康潜在的影响，旨在为今后鱼类福利养殖、改善室内养殖声音环境、利用鱼类摄食声音进行投饵调控等研究提供参考依据。

第二节　室内水下声音测量方法

一、测量点与生产设备布局

试验于2016年6月在福建省福鼎市某养殖中心进行。工厂化养殖车间占地1 500 m^2。养殖车间内主要生产设备包括：空气压缩机（ROOTS BLOWER RZ-50，铭丰，中国），静压3 000，容量1 m^3/min；三相异步电动机（BEIDE 1TL001，西门子，德国），功率3 kW，位于测量点30 m处，用于整个车间玻璃钢水槽曝气；增氧机，三相异步电动机（YE2-90-L-4，沪源，中国），功率1.5 kW，位于测量点15 m处，用于混凝土池内曝气。此外，所有水槽内给排水聚乙烯管道埋藏于混凝土中，并与测量点外100 m处的沉淀池连接。

试验水槽为圆形开放式玻璃钢水槽，直径3 m、高1 m、水深0.7 m。水槽底部有6个直径60 mm、高60 mm、气孔目8 mm的曝气石与空气压缩机连接。底部排水管连接于混凝土排水沟。试验用30尾3月龄大黄鱼，体长8～9 cm，体质量20～40 g，暂养15 d。饵料为直径2～3 mm的膨化颗粒饵料，试验水温为28 ℃，盐度20。

参照Craven等（2009）方法，根据水槽深度以及大黄鱼日常活动水层，测量点设置在垂直于水槽圆心的两个位置，分别为：表层，距离水面0.2 m处（大黄鱼摄食活动水层）；底层，距离水面0.6 m处（大黄鱼日常游泳水层）。

试验分别测量增氧机开启和关闭条件下水槽内的背景噪声以及增氧机和曝气石关闭条件下大黄鱼摄食过程声音。

二、声音采集与分析方法

采集水下声音信号采用内置前置放大器灵敏度为－178 dB（re 1V/μPa）的水听器（ST 1030型，OKI，日本），连接带有带宽滤波器和功率放大功能的声级计（SW 1030型，OKI，日本）进行声压均值显示和A/D转换。根据石首科鱼类听觉敏感频率范围（100～1 000 Hz）以及Bart等

(2001) 和 Craven 等 (2009) 的试验方法，本次试验测量频段范围为 20 Hz 至 24 kHz，排除了 24 kHz 以上对鱼类影响较小的带宽。每个测量位置进行 5 次间隔 10 min 以上的重复测量，每次测量时间长度为 2 min。

声音文件首先由 Praat 软件 (6.0，阿姆斯特丹大学，荷兰) 进行回放辨听。然后采用 PULSE Reflex Core 软件 (19，B&K，丹麦) 对水下背景噪声进行快速傅里叶 (FFT) 转换并绘制频率图谱。针对背景噪声频谱特性 (25～2 500 Hz)、石首科鱼类听觉的频谱特性 (100～1 000 Hz) 和鱼类摄食颗粒饵料的频谱特性 (100～5 000 Hz)，对声音频谱分别进行1/3倍频程分析和时频声压级计算。

第三节　水槽内水下声音解析

一、水槽内背景噪声分析

增氧机关闭时，试验水槽内背景噪声频率 FFT 分析结果如图 3-1 所示，试验水槽内不同水层的背景噪声 *SPL* 在高低频率段范围内均出现了

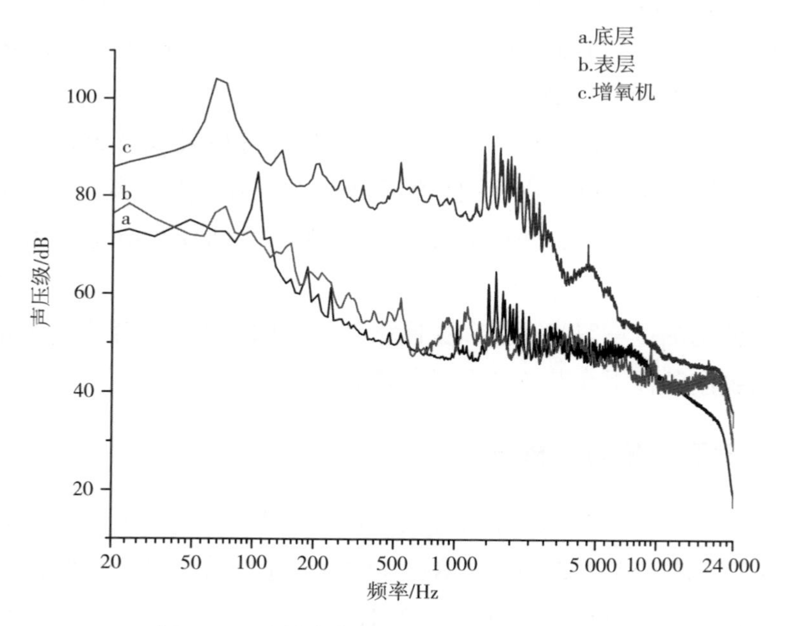

图 3-1　水槽内背景噪声频谱特性 FFT 分析

不同的噪声峰值。表层 *SPL* 约为 87.48 dB，低频段主峰值在 60～70 Hz，高频段主峰值在 1 200～2 500 Hz。底层 *SPL* 约为 90.65 dB，低频段主峰值在 100～120 Hz，次峰值在 60～70 Hz；高频段主峰值在 1 500～2 500 Hz，次峰值在 3 000～4 000 Hz。

由于增氧机为混凝土池的独立增氧系统，并未与试验水槽直接连接，因此，增氧机开启时，试验水槽内仅测量表层背景噪声，其分析结果如图 3-1 所示，*SPL* 约为 110.27 dB，低频段主峰值在 60～70 Hz，高频段主峰值在 1 500～2 500 Hz，*SPL* 比增氧机关闭条件下增加约 22.79 dB。

根据图 3-1 所得结果，将 20～2 500 Hz 的背景噪声进行 1/3 倍频程分析，结果如图 3-2 所示。增氧机开启时，表层低频段主峰值的中心频率为 63 Hz，高频段为 1 600 Hz。增氧机关闭时，表层在低频段主峰值的中心频率为 63 Hz，高频段为 1 250 Hz；底层在低频段主峰值的中心频率为 100 Hz，高频段为 1 600 Hz。

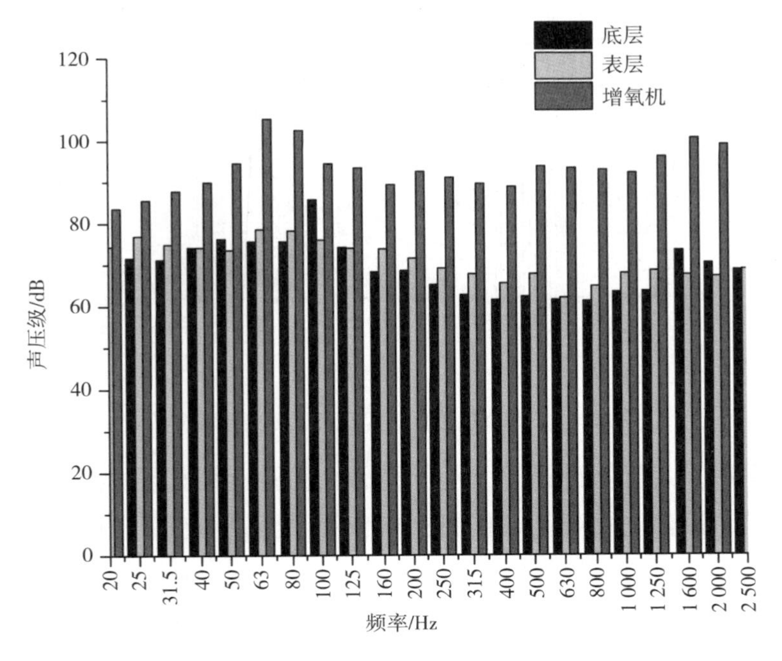

图 3-2 增氧机开启和关闭条件下水槽内中层背景噪声 1/3 倍频程分析

二、水槽内摄食声音分析

增氧机和水槽内曝气石气阀关闭条件下，将大黄鱼摄食颗粒饵料声音在频率带宽 20～5 000 Hz 处进行 1/3 倍频程分析，分析结果如图 3－3 所示。整个摄食过程中 *SPL* 约为 92. 65 dB，略高于同条件无鱼水槽中的背景噪声（约 88. 19 dB）。低频段主峰值的中心频率为 100 Hz，高频段中心频率为 2 500 Hz。

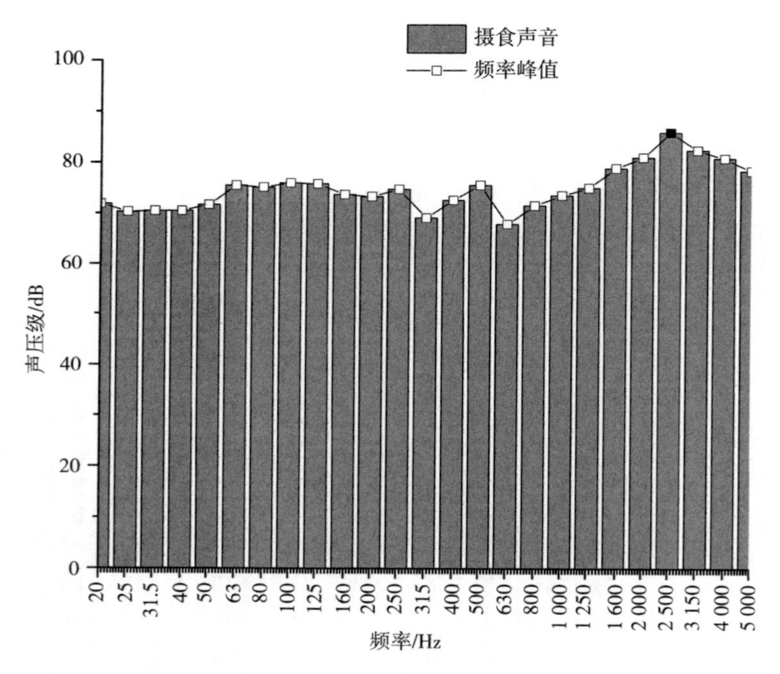

图 3－3　大黄鱼摄食过程声音 1/3 倍频程分析

投饵后，大黄鱼的摄食行为表现是加速游动到表层吞食。通过 Praat 分析大黄鱼摄食过程声音结果如图 3－4 所示。集中在低频段 70～500 Hz 的共振峰，主要为大黄鱼幼鱼游泳噪声；1 000～2 000 Hz 的共振峰，为幼鱼吞食产生的水体表面搅动与气泡破裂的声音；2 000～4 500 Hz 的共振峰，为幼鱼咀嚼颗粒饵料发出的“喀嚓”的清脆响声。

同时，同频率无鱼条件下，增氧机和曝气石气阀开启后的背景噪声 *SPL*（图 3－1）依次为：70～500 Hz，105. 05 dB；1 000～2 000 Hz，

90.03 dB；2 000～4 500 Hz，97.88 dB。总 *SPL* 高于摄食声音约 17.62 dB。

由于水槽内底层排水管与混凝土中养殖车间的工作设备相连接，且曝气石与水槽底部接触，通过以上对比试验可知，水槽内养殖环境噪声依次为：主频率为 63 Hz 的水槽壁内反射噪声，100 Hz 的养殖工作设备与水槽内壁的低频共振噪声，1 250 Hz 的表层水体气泡噪声，1 600～2 500 Hz 的池底曝气石、增氧机和空气压缩机的工作噪声。

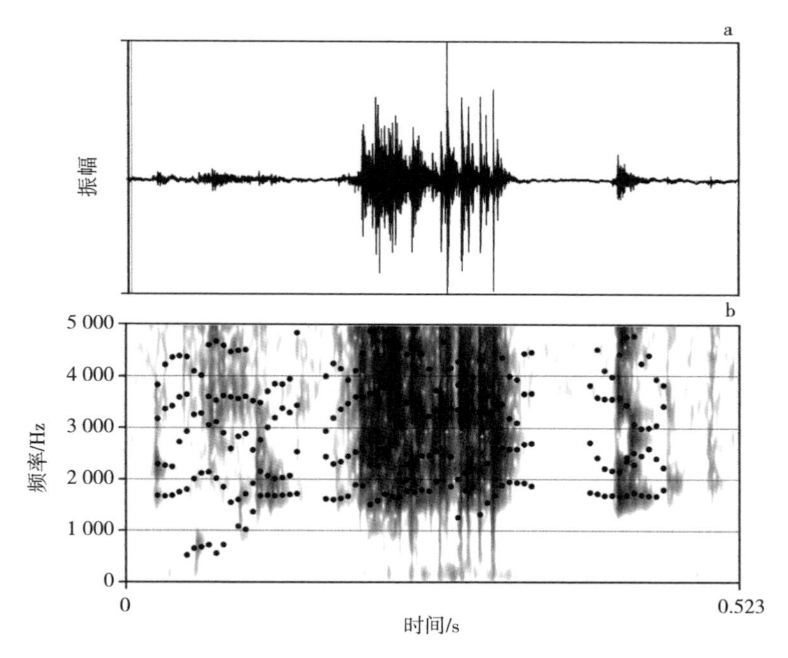

图 3-4 Praat 分析大黄鱼咀嚼颗粒饵料声音振幅与共振峰示意图

第四节 讨 论

一、不同水层背景噪声差异分析

以上试验结果与 Bart 等（2001）测得的养殖设备主要噪声来源一致。即高频噪声（1 000～2 000 Hz）来源于电动机、增氧机、空气压缩机等电动设备；低频噪声（25～1 000 Hz）来源于水流、地面震动、水池墙体震动等。但与 Craven 等（2009）测得的结果不同，其背景噪声在不同深度的主峰值均在 187.5 Hz，噪声频率没有随着水深的增加而产生变化。原因是 Craven 等（2009）所使用的养殖设备以及试验水槽为封闭型有盖的玻璃钢水槽，本试验为开放式玻璃钢水槽。

在封闭水体中声音的传输和衰减与开放条件下有着明显差异，在封闭水槽中，如 Craven 等（2009）测得的背景噪声，虽然 *SPL* 从底层到表层逐渐减弱，但主峰值频率均在 187.5 Hz。而在开放式水槽中，养殖设备噪声由空气向水中传输会产生衰减，因此出现以下结果：表层反射噪声（63 Hz）*SPL* 最高，高频噪声 *SPL* 相对较高；底层养殖工作设备与水槽内壁的低频共振噪声（100 Hz）*SPL* 最高，高频噪声 *SPL* 相对较低。

由此可知，室内开放式圆形玻璃钢养殖水槽内，主要噪声来源为增氧机、池底曝气石，以及养殖工作设备与水槽内壁的低频共振噪声。因此，我们在规划室内养殖场地时，应该考虑如何科学地使用和布局养殖设备，设计池底减震结构，避免产生干扰鱼类健康的低频噪声。

二、摄食声音与养殖环境噪声

影响摄食声音频谱峰值的主要因素有：

（1）饵料属性（软硬程度）。鱼类咀嚼鱼肉块、肉泥、颗粒硬饵料及颗粒膨化饵料所产生的摄食声音主频率峰值均有所不同。竹村旸等（1988）测得投喂鱼肉的五条鰤摄食声音，其主频率峰值在 2～5 kHz，而投喂硬颗粒饵料的鲤则在 4～10 kHz。

（2）摄食方式（摄食游泳速度和摄食水层）。Lagaradere 等（2004）通过投喂颗粒饵料，测得了加速游泳到表层吞食的褐鳟和虹鳟摄食声音，它们的主频率峰值分别在 2 500～4 000 Hz 和 2 000～5 000 Hz，游速较慢且底层吞食的大菱鲆则在 3 000～9 000 Hz。

本次试验采用的是膨化颗粒饵料，试验鱼摄食方式为加速游到表层吞食，其摄食声音主频率峰值在 2 000～4 500 Hz，与 Lagardere 等（2004）所测结果一致。区别于背景噪声的摄食声音可用于判断养殖鱼类的摄食情况，从而制定投饵策略达到自动投饵调控的目的。

本次试验中，试验鱼的摄食声音与养殖设备噪声在不同频率段上均出现了频率叠加：摄食游泳噪声（70～500 Hz）与养殖设备共振噪声

(100 Hz)，吞食噪声（1 000～2 000 Hz）与气泡噪声（1 250 Hz），咀嚼颗粒饵料噪声（2 000～4 500 Hz）与空气压缩机、增氧机和曝气石工作噪声（1 600～2 500 Hz）。但是在增氧机和曝气石气阀关闭时，试验鱼摄食声音 *SPL* 高于背景噪声，可以区分。而增氧机开启后，各频率段上的养殖环境噪声 *SPL* 均高于摄食声音，无法区分摄食声音。因为该养殖车间的增氧机是为混凝土培育池单独供氧所用，位于测量点 15 m 处，且与整个混凝土池底连接，所以池底低频噪声共振传导率高。

因此，今后在研究利用摄食声音进行自动投饵调控时，养殖水槽增氧机的位置、传输管道布局和池底传导材料都要考虑减震设计。

三、养殖环境噪声对鱼类的影响

由试验结果可知，在增氧机开启后，背景噪声 *SPL* 约为 110.27 dB，增加了约 22.79 dB，虽然不会引起鱼类明显的反应和听觉阈值（93～99 dB）位移等，但长期暴露在 100～1 000 Hz 低频强噪声下，会影响鱼类的生理健康，例如降低鱼类的摄食转换效率、生长率、听觉敏感度、免疫力、存活率和繁殖率，同时增加应激反应、染病率和死亡率。

孙耀等（2001，2004）在现场模拟了钻井噪声对玻璃钢水池暂养的草鱼和鲤摄食、生长的影响。研究结果表明，噪声对鲤、草鱼的摄食、生长均有显著影响。但鱼类没有出现组织器官损伤，而且在噪声消失后，生长率恢复，说明该影响是可逆的。Smith 等（2006）研究了噪声对金鱼的影响，结果表明在经过白噪声（160～170 dB）暴露 10 min 后，金鱼血液中的皮质醇激素和葡萄糖含量比暴露前显著提高。Wysocki 等（2006）通过船舶噪声录音回放研究了其对鲤、鮈和欧洲河鲈的影响，研究结果表明 3 种鱼类的皮质醇分泌增多，应激反应均有显著增加。Filiciotto 等（2016）通过回放近海和室内养殖环境噪声，研究了在声暴露 40 d 后金头鲷幼鱼的血液生理指标，结果表明金头鲷血液内的氧化状态、溶菌酶活性、抗蛋白酶活性和白细胞总量大幅度提高，而白蛋白与球蛋白的比率下降，最终导致鱼类免疫功能下降。

综上所述，在水产养殖中，应当对养殖设施采取一系列措施降低噪声对鱼类的影响。对于玻璃钢养殖水槽可以采取以下措施：①进水管避免接触水槽内壁；②出水管与主排水管道分离；③水槽下方的出水管避免与墙壁接触；④水槽要固定在减震材料上。其他类型的养殖环境，如混凝土水池、露天池塘等，可以在电动设备外加装消声设备。今后在养殖车间设计建造时应尽量将噪声影响降低，为养殖鱼类谋取良好的声音环境福利，使养殖鱼类更加健康，产量更高。

由本次试验结果可知，同频率条件下，增氧机工作噪声的 *SPL* 高出大黄鱼摄食声音的 *SPL* 约 17.62 dB。但关闭增氧机后，大黄鱼仍可以进行正常摄食，说明增氧机工作噪声未影响大黄鱼的摄食行为。在增氧机关闭条件下，利用大黄鱼的摄食噪声可以判断鱼类的摄食情况，同时也为后续的行为试验提供数据支持。

第四章

大黄鱼听觉特性研究

第一节　引　　言

声音由耳部的听觉细胞接收，转变为神经脉冲；这些脉冲经由神经的传导在脑部的听觉脑干汇集，于是生物体才能感受到声音的刺激。虽然经由神经汇集至脑干的信号强度极弱，往往只有十亿分之一伏特（nV）的电压强度，但经由放大器和滤波器的协助，我们还是可以观察到稳定的波形。

1981 年 Bullock 提出利用听性脑干反应（ABR）技术能够记录到鱼类的听觉诱发电位。1998 年 Kenyon 等首次使用 ABR 技术测得了鱼类的听觉阈值，并通过对比传统的试验方法，认为 ABR 技术是一种非侵入性、无需复杂行为驯化、测量迅速、对鱼体无损伤、试验鱼可重复利用的高效技术手段。

迄今为止使用 Kenyon 等（1998）的 ABR 方法记录鱼类 AEP 的研究论文多达 100 多篇，涵盖鱼种 100 多种，涉及研究内容包括鱼类听觉器官发育、鱼类听觉神经通路、鱼类听觉机制、噪声对鱼类听觉能力的影响等。此外，ABR 技术被成功地应用于研究鱼类的声交流，主要是通过比较鱼类的听觉敏感曲线，鱼类特异性发声的时间、频率和振幅特征，分析鱼类的听觉感知系统对实时频率的分辨能力。

关于大黄鱼听觉能力的研究，目前已发表的仅有行为学的方法。刘贞文等（2014）运用声刺激行为方法，分别测量了 1 月龄、8 月龄、13 月龄和 3 年龄大黄鱼的行为反应声压阈值和致死声压阈值，指出 13 月龄鱼对声波的敏感频率为 600 Hz，1 月龄和 8 月龄鱼为 800 Hz。而利用电生理方法研究大黄鱼听觉阈值的文章却未见报道。仅有 Horodysky 等（2008）使用 ABR 技术对 6 种石首鱼科鱼类进行了听觉阈值研究。

电生理方法是指，通过电极记录声音刺激后诱发的微音器电位、心率、呼吸频率、听性脑干诱发电位等，来测量鱼类的听觉阈值。具体又分为内耳微音器电位法、心电图法、听性脑干反应法。

笔者使用 ABR 技术对大黄鱼的听觉特性进行研究，旨在为今后研究水下噪声对大黄鱼等石首鱼科鱼类的潜在影响，以及大黄鱼对声音的行为反应等研究提供数据支持和补充。同时，听觉是鱼类的一项重要的生存能力，研究大黄鱼的听觉阈值和频率敏感性，对于了解其野外生存能力和养殖健康状况具有重要的指导意义。

第二节　大黄鱼听觉阈值测量

一、试验材料

试验用大黄鱼购于浙江省象山县大黄鱼网箱养殖基地，体长 17～20 cm，体质量 100～150 g，共 10 尾。试验前，在安静的环境中暂养 2 d。暂养水温（24±1)℃，盐度 20，无饵料投喂。

二、试验装置

本试验参照了 Kenyon 等（1998）和张旭光等（2021）ABR 技术的研究方法。

在 ABR 试验前，首先对试验鱼进行麻醉。随机挑选一尾健康的试验鱼，在背鳍基部注射有效浓度为 60 mg/L 的 MS-222（间氨基苯甲酸乙酯甲磺酸盐）10 mL，32～136 s 鱼体失去平衡，仅鱼鳃盖有轻微张动，麻醉持续时间为 5～6 h。在整个试验过程中，鱼体肌肉无全身性收缩，肌肉诱发电位影响可以排除。

整个试验是在隔音室（3. 0 m×2. 5 m×2. 5 m，背景噪声 25 dB，上海伽煜声学医疗设备，上海）中进行的。试验鱼麻醉后被置于直径 40 cm、高 50 cm、水深 28 cm 的圆形玻璃水槽中，水槽位于隔音箱内的防震台（ZDT07-07，江西连胜）上。首先，将带有磁铁底座的 L 形金属杆吸附在防震台上，然后用细孔尼龙网包裹并用金属夹子固定被麻醉试验鱼，最后其与金属杆连接固定。通过调整金属杆的角度，使试验鱼没入水下，只留头部和背部露出水面，将呼吸装置插入鱼口中（图 4－1），开启水泵保持鱼的呼吸（试验前水体曝气），水温控制在（24±1)℃。

随后，在试验鱼髓质区上方颅骨中缝听神经上方皮肤处，插入记录钢电极（NE-S-1000/13/0. 4，西安富德），参考电极位于记录电极正前方，插入与鱼眼垂直的颅骨中线处的皮肤中，最后通过导线（长 60 cm）与交

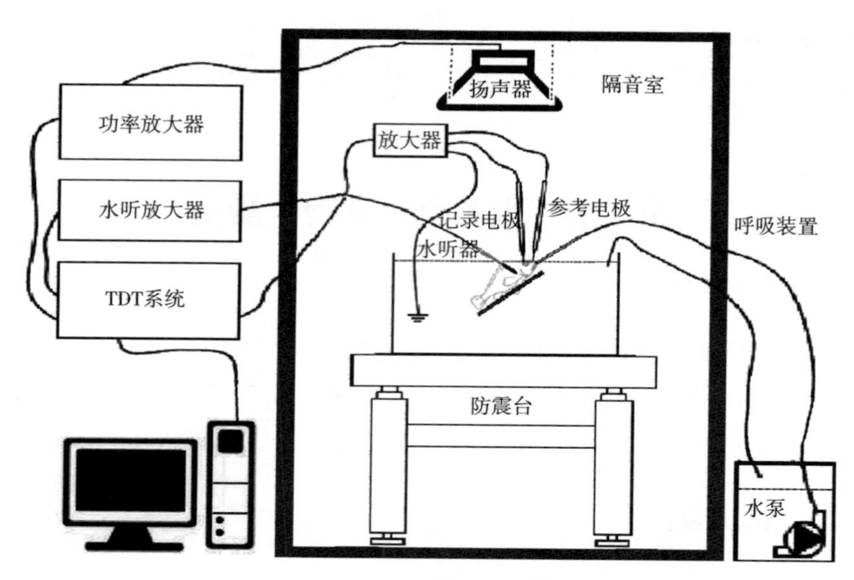

图 4-1　ABR 试验装置示意图

流前置放大器（MEDUSA PREAMP，TDT，美国）（RA4LI，增益 60 dB）端口相连，前置放大器使用导线连接于水槽中作接地处理。

放声所用的扬声器（先锋，日本）（响应频率带宽 46 Hz 至 20 kHz）垂直悬挂于试验鱼上方 0.8 m 处，通过隔音室导线通道与外界试验系统的功率放大器连接（CD1000，皇冠，美国）。用于记录刺激声源声压级的水听器（BK8103，B&K，丹麦）[灵敏度：-211 dB（re 1V/μPa）；频率响应：0.1 Hz 至 180 kHz] 贴近试验鱼内耳外侧安置于水下，采集的水声信号经由信号放大器（BK2692，B&K，丹麦）导入 Tucker-Davis Technologies（简称 TDT）系统（Gainesville，TDT，美国）。

三、ABR 记录方法

试验用的刺激声音和试验鱼的 ABR 波形记录均由 TDT 系统完成。TDT 系统包括试验操作软件和刺激声音的波形生成软件。刺激声音可通过数字模拟转换器、信号衰减器（PA4）、功率放大器连接扬声器产生。水听器前置放大器输出端和电极前置放大器均与 A/D 模拟数字转换器相连。A/D 和 D/A 信号同步转变，由 TDT 内置 TG 6 时间转换器完成。

声刺激试验鱼的测试频率设置依次为 100 Hz、300 Hz、500 Hz、

800 Hz、1 000 Hz、1 500 Hz、2 500 Hz 和 4 000 Hz。为了防止扬声器产生电压瞬变，所有的连续纯音通过 Blackman 窗进行处理，以减少声音频谱中的旁瓣，从而形成递进的上升和下降波形，并使用 50 Hz 的 Notch 滤波来消除电源的交流干扰。

试验时采用两个相反极性（图 4－2）的声音波形刺激试验鱼。如果试验鱼对刺激声音作出反应，那么不同极性的声音引起的 ABR 波形几乎可以重复或叠加。试验每次刺激重复 1 000 次，并求平均值以消除任何刺激伪迹。声压级从 120 dB 开始逐渐衰减，到接近阈值时改为每次递减 2 dB，直到获得不能产生可叠加的 ABR 波形为止，而此时的声压级，则被定义为该频率段上试验鱼的听觉阈值。

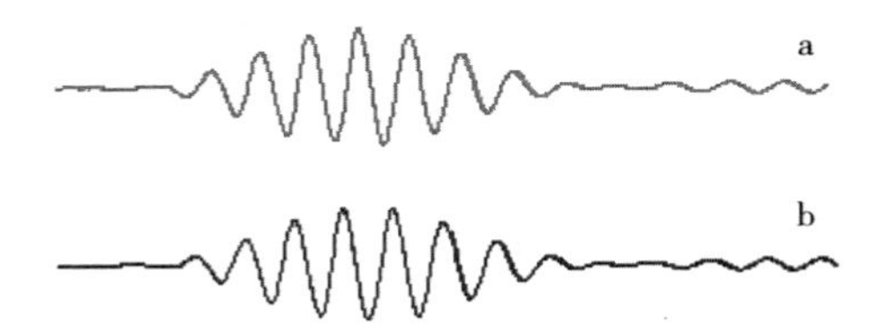

图 4－2　相反极性刺激声音波形示意图（500 Hz）；（a）波形相位为 90°，（b）波形相位为 270°

第三节　结果与分析

一、大黄鱼 ABR 波形特征

本试验所用 10 尾大黄鱼均测得 ABR 波形。整个试验的 ABR 波形包括 8～12 个正向波峰，最大振幅出现在中间部分（图 4－3－a）。

由图 4－3－b 可知，大黄鱼 ABR 波形的潜伏期与刺激声音声压级变化有关。在同一频率下，潜伏期随声压级从高强度到低强度逐渐延长，每下降 6 dB 潜伏期则增加 0. 8～1. 2 ms，即声压级越高潜伏期越短。

大黄鱼 ABR 波形的幅值，也随着声压级降低而减弱。例如，在 500 Hz刺激声音条件下（图 4－3－b），声压级为 120 dB 时大黄鱼 ABR 波形的振幅值最大；将声压级继续降低到 93 dB 时，大黄鱼 ABR 波形的振幅值最小；继续衰减声压级时，则无法继续获得 ABR 波形。因此，认为 500 Hz 条件下大黄鱼的听觉阈值为 93 dB。

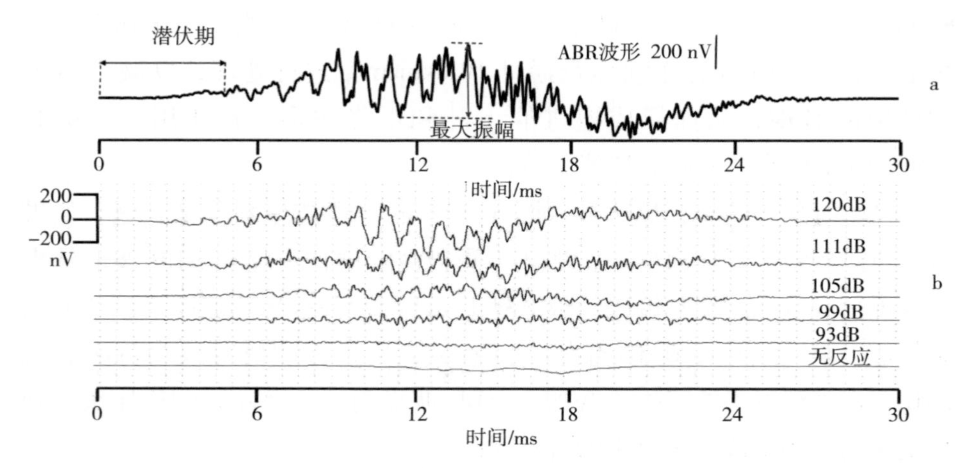

图 4-3　大黄鱼 ABR 波形图示意图（500 Hz）

二、大黄鱼 ABR 听力灵敏曲线

ABR 听力灵敏曲线，又称 ABR 听力图，它可以反映出鱼类对不同刺激声音，在不同频率上获得 ABR 波形所得的最小声压级，即听觉阈值。将 ABR 试验结果以横轴为频率，以纵轴为声压级绘制出大黄鱼的听力曲线。

由试验结果可知，大黄鱼的听力曲线图为 V 形（图 4-4），即在特定

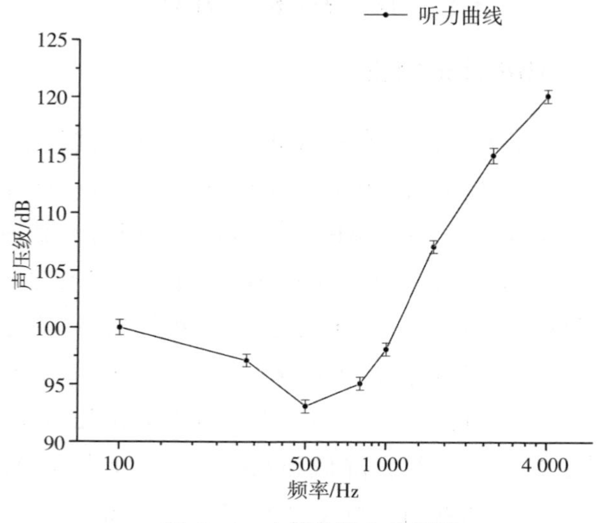

图 4-4　大黄鱼听力曲线图

频率内存在相对较高敏感频率。在低频率段 100～300 Hz，大黄鱼的听觉阈值逐渐降低，听觉灵敏度逐渐增加；而后，在 500～800 Hz 达到最敏感频率范围，听觉阈值在 500 Hz 时最低；随着刺激声音频率的继续增加，在 1 000～4 000 Hz 频率范围，大黄鱼的听觉敏感度大幅度下降，听觉阈值不断升高。

第四节 讨 论

一、影响鱼类听觉阈值的因素

（一）环境噪声

噪声对鱼类听觉阈值的影响，可以分为暂时性听觉阈值位移和永久性听觉阈值位移。目前主要研究方法是，在实验室通过短期或长期噪声暴露试验研究噪声对鱼类听觉能力的影响，使用的噪声源包括纯音、白噪声和人为噪声的录音回放等，在噪声暴露试验后，利用行为学或者 ABR 方法确定鱼类的听力损伤程度。

在自然环境噪声和人为噪声的影响下，鱼类所在栖息环境充满着噪声。张国胜等指出在通常条件下，在鱼类敏感的听觉频率范围内，如果声音信号的声压级高出同频率条件下背景噪声 15 dB，鱼类就能够分辨出声音信号。如果周围环境噪声过大，则会干扰该环境中鱼类的听觉能力，迫使鱼类的听觉阈值增大，这种现象称为噪声遮蔽。

由本次 ABR 试验结果可知，大黄鱼的听力敏感频率范围在 500～800 Hz，该频率段内大黄鱼的听觉阈值为 93～95 dB；而同频率条件下，试验鱼购买地的海上环境噪声则为 82～88 dB，背景噪声低于大黄鱼的听觉阈值约 10 dB。由此可知，本次试验所用的大黄鱼可以分辨高出背景噪声15～30 dB 的声音信号，该养殖区内的海上环境噪声对大黄鱼听觉阈值无遮蔽现象。

（二）试验方法

由第二章的研究可知，大黄鱼的生物发声在 500～800 Hz 频率段内的声压级为 97～100 dB，高出同频率背景噪声约 16 dB，且大黄鱼的声通信交流行为反应为未受影响；而本试验大黄鱼使用 ABR 法测得的听觉阈值为 93～95 dB，与生物发声相比仅相差 4～5 dB。因此，综合以上观点可进一步推断，大黄鱼 ABR 法测得的听觉阈值比自然水域条件下测得的听觉阈值要低。

（三）试验鱼的生理结构

无鳔鱼类通常对水粒子振动敏感，而有鳔鱼类通常对水中声压敏感。而且，鳔的结构和位置、耳的构造等生理结构变化与体长、年龄，都会影响鱼类的听觉阈值。随着鱼类年龄的增长、体长的增加，其听觉敏感频率范围基本不变，但听觉阈值则有可能改变。刘贞文等（2014）使用行为法测得的结果表明，成鱼的听觉阈值比幼鱼的高，即大黄鱼的听觉阈值随着年龄的增加而增加。

二、听觉敏感频率与生物发声的关系

石首鱼科鱼类的鱼鳔一方面是听觉的辅助器官，另一方面也是发声器官，其结构形态与发声共振频率、听觉敏感频率相适应。而且，石首鱼科鱼类的耳石密度和体积相对于其他鱼类来说较大，其共振频率也较低，因此对低频信号相对较敏感。另外，大多数石首鱼科鱼类，鱼鳔与内耳相连或靠近，提高了其敏感声音的频率上限。这是因为，具有鳔的鱼类可将声压转变为内耳可感知的由水粒子振动所产生的相对位移。

Horodysky 等（2008）使用 ABR 试验法测得了 6 种石首鱼科鱼类的听觉阈值，并通过比较它们的生物发声频率范围，证实了这 6 种石首鱼科鱼类的听觉敏感频率与发声频率相匹配。这是因为，在鱼类的声通信交流过程中，声音的发出和接收是一对协同进化的因子。大黄鱼的发声基频在 500～800 Hz，不同的发声频率反馈不同的行为状态。例如，大黄鱼在摄食状态下的发声频率中心频率峰值为 800 Hz，而在受到惊扰状态下的发声频率中心频率峰值则为 630 Hz。本次 ABR 结果表明，大黄鱼对低频声音信号敏感，尤其是在 500～800 Hz 的频率带宽，这表明了大黄鱼的生物发声和听觉能力是协同进化的，即大黄鱼的听觉敏感性与其生物发声特征相匹配。这也进一步表明，大黄鱼的生物噪声在其声通信交流行为中起了重要作用。

三、研究鱼类听觉特性的意义

声音对于许多海洋生物极为重要，并且在捕食者的交流、航行、定向、觅食和探测方面发挥关键作用。

Richardson 等（1995）在评估环境噪声对海洋哺乳动物行为和听觉能力的影响时，按照声压级强度大小所产生的影响，进行了以下区域分类：可听区域（zone of audibility）、反应区域（zone of responsiveness）、遮蔽区域（zone of masking）、伤害区域（zone of injury）。

此方法同样适用于分析环境噪声对鱼类听觉能力的影响。具体划分如下：

（1）可听区域：指鱼类能听到背景噪声以上噪声的区域，在此区域鱼类可以感知周围声音信息的变化。

（2）反应区域：指鱼类对噪声产生行为变化（包括趋声或惊吓反应以及生理反应）的区域。

（3）遮蔽区域：指噪声的声压级强度完全影响或降低鱼类对其他相关生物噪声感知的区域。

（4）伤害区域：指噪声的声压级强度对鱼类造成组织器官伤害的区域，伤害包括听觉阈值暂时位移或永久损伤，或内脏损伤等。

因此，研究鱼类的听觉特性，一方面，可以帮助我们了解鱼类在不同声场条件下的行为反应；另一方面，为评估海上环境噪声对养殖鱼类的健康影响提供参考依据。

第五章

大黄鱼生物噪声
刺激试验

第一节　引　　言

鱼类的摄食声音，包括鱼类捕食时产生的游泳水动力噪声、咀嚼食物的噪声和部分发声鱼类伴随发出的生物发声。一方面，鱼类利用摄食过程产生的生物噪声进行声通信交流；另一方面，研究者可以根据摄食的生物噪声判断养殖鱼类的摄食情况从而进行饵料投喂调控。

日本渔船实验室为了寻找能够适用于声诱捕技术的声音类型，曾对多种鱼类进行了生物噪声诱集探索性试验，这些生物噪声主要为鱼类在摄食过程中产生的摄食噪声和游泳噪声。水下音响“唤鱼器”的工作原理，是利用在水中播放人工音响或录制的声音（海洋生物的游泳声、摄食声等）来诱集鱼群，从而达到将其捕获的目的。

关于室内水槽生物噪声诱集试验，竹村旸等（1988）首次对比分析了投喂鱼肉的五条鰤和投喂硬颗粒饵料的鲤的摄食噪声频谱，指出摄食声音是一种随机的脉冲音，并通过滤波器处理分离出游泳噪声（低频率带）和咀嚼食物噪声（高频率带），以及未处理的原始声音，将这些声音分别进行水下放声诱集试验，诱集率由高到低依次为原始声＞咀嚼噪声＞游泳噪声，证明了摄食过程产生的生物噪声具有生物学研究意义。而后，关于生物噪声诱集鱼类的研究却少见发表。

鱼类对声音的行为反应，不仅跟声压级大小有关，而且受到波形和频率的影响。本试验结合大黄鱼听觉阈值和敏感频率，使用生物噪声对大黄鱼进行水下声刺激试验，并记录分析了大黄鱼对不同声音的行为反应，进一步验证生物噪声诱集大黄鱼是否可行。其意义在于，一方面，为在养殖业中利用生物噪声诱集定点投饵、提高饵料利用率等提供数据支持；另一方面，也为推动利用生物噪声诱集在海区放养声导鱼、提高标志放流回捕率、开发新型声诱导选择性捕捞渔具提供参考。

第二节　生物噪声诱集方法

一、试验材料

试验用的两种规格大黄鱼购于福建省福鼎市某养殖公司。成鱼组的体长为17～20 cm，体质量为100～150 g；幼鱼组的体长为8～9 cm，体质量为20～40 g。

暂养和试验水槽均为圆形开放式玻璃钢水槽，直径3 m、高1 m、水深0.7 m，水温28 ℃，盐度20。

暂养期间，成鱼组投喂杂鱼肉糜，幼鱼组投喂直径2～3 mm的膨化颗粒饵料。试验前大黄鱼在试验水槽中暂养15 d，使其适应室内水槽养殖环境、投喂饵料及背景噪声。为了避免放声刺激和投喂饵料产生条件反射，试验前24 h停止对试验鱼投饵，直至试验结束。

二、试验方法

在室内水槽中使用不同条件下所录制的生物噪声，分别对大黄鱼进行水下声诱集行为试验。试验前24 h关闭独立增氧机，试验中关闭水槽内曝气装置，直到试验结束。

幼鱼声诱集试验使用的音频为：幼鱼从投喂到摄食颗粒饵料全过程的原始完整音频（以下简称摄食原声），频率带宽为20 Hz至24 kHz；经过频率带宽处理的幼鱼咀嚼颗粒饵料的噪声（以下简称摄食噪声），频率为2 000～4 500 Hz。

成鱼声诱集试验使用的音频为：网箱养殖状态下，成鱼从投喂到摄食肉糜饵料全过程的摄食原声；经过频率带宽处理后的500～1 250 Hz的摄食噪声，其中包括成鱼的摄食发声（500～1 000 Hz）和吞食饵料声（1 000～1 250 Hz）。

每组试验用幼鱼300尾，成鱼40尾，均随机选取置于暂养水槽中。每日6：00和16：00（日常投饵时间）进行放声，各完成1次，次日更换新一批试验鱼（排除试验鱼对声音产生适应性）。根据畠山良己（1992）指出的声诱集鱼类的水中声压级为110～130 dB，并结合大黄鱼ABR听觉阈值（93～120 dB），将声刺激的声压级分组为90 dB、100 dB、110 dB、120 dB、130 dB。每组放声时间为 1 min，暂停 15 min，而后每组声压级递增 10 dB，直到试验鱼产生惊吓反应并四处逃逸。试验鱼的游泳速度每秒>10 倍体长（10 BL/s）时，停止增加声压级试验，休息 30 min 后再继续进行试验。为了避免声压级过强造成试验鱼类的听力损伤或死亡，根据鱼类最佳诱集的声压级为 110～130 dB，将水中的声压级控制在 90～130 dB 范围。

（一）试验装置

水下放声系统，由水下放声装置 TOOBOO MP3 定压功放（FM-5080，上海凌雁）和水下扬声器（UW-30，美国）组成。水下扬声器喇叭口朝上放置于水槽底部圆心凹槽处 B_1（图 5－1－a）。水槽内放声矫正所使用的测量方法与第三章相同，且在增氧机关闭条件下进行测量（背景噪声表层约 86. 70 dB，底层约 88. 19 dB），矫正结果见图 5－2。测量点的选择如图 5－1－a 所示，从圆心到水槽边缘依次分为：表层测量点 T_1、T_2、T_3，底层测量点 B_1、B_2、B_3；间距相同，均为 75 cm。

试验鱼群活动区域划分如图 5－1－b 所示。A 区为暂养时饵料投喂点；圆心 C1 区（以下简称 C1 区）为水下扬声器所在区域；内环 C2 区（以下简称 C 2 区）为图 5－1－a 中 B_1 与 B_2 所封闭的圆环区域；外环 C3 区（以下简称 C 3 区）为图 5－1－a 中 B_2 和 B_3 封闭的圆环区域。

（二）行为反应统计方法

本次声诱集试验主要利用声压级增加的过程中，鱼群的结构、运动轨迹以及平均游泳速度的变化，统计分析试验鱼对不同声音刺激的行为反应。

整个试验过程，由无线广角高速运动摄像机以 1 280×960 分辨率、60 fps（frames per second，每秒传输帧数）、H. 264/MPEG-4 格式进行视频录制存储，储存文件用于离线视频分析统计。

试验视频统计方法，主要参考 Buchanan 和 Fitzgibbon（2006）主成分分析（principal component analysis，简称 PCA）图像处理法进行鱼体识别，并针对鱼群样本数量进行进一步改进。最终以每帧的像素矢量变化量（位移与帧数）和指定区域内鱼群个体数量作为统计量分析。具体方法

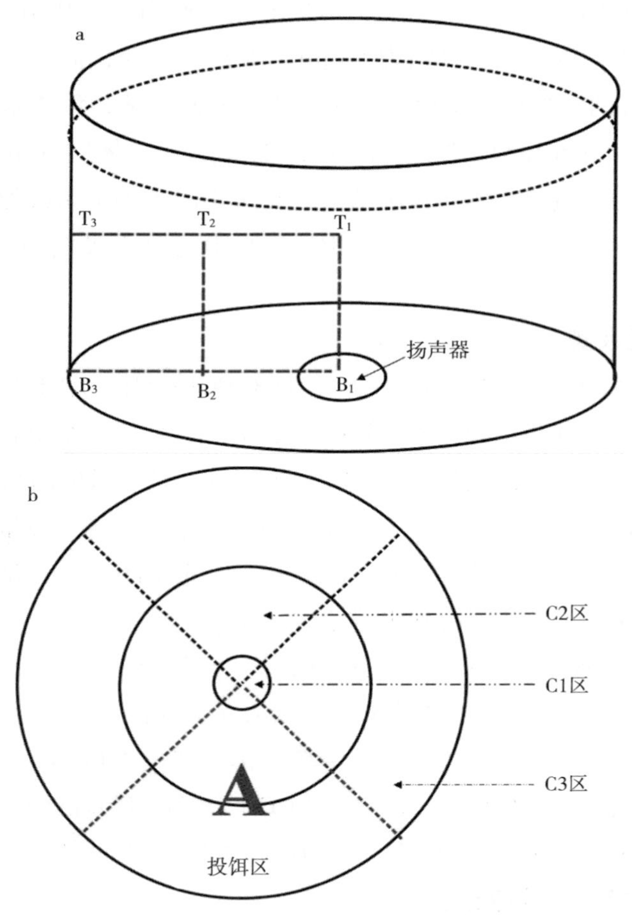

图 5-1 水下放声测量点与统计区域示意图

如下：

首先使用ZooTracer（微软，美国）将1 min试验视频转换成3 600帧图片，进行鱼体识别PCA图像处理；同时，试验视频还需通过Corel Video Studio（Pro X9，Corel，加拿大）进行运动轨迹追踪处理，解析鱼群运动轨迹变化趋势；最后，结合以上软件的分析结果，逐帧地统计分析出试验鱼的运动轨迹和变化时间，并通过ZooTracer所统计出的试验鱼像素矢量位移坐标数据，利用公式（式5-1、式5-2）计算出试验鱼的实际运动位移距离和游泳速度。

两点之间像素矢量位移转换实际位移距离，公式为：

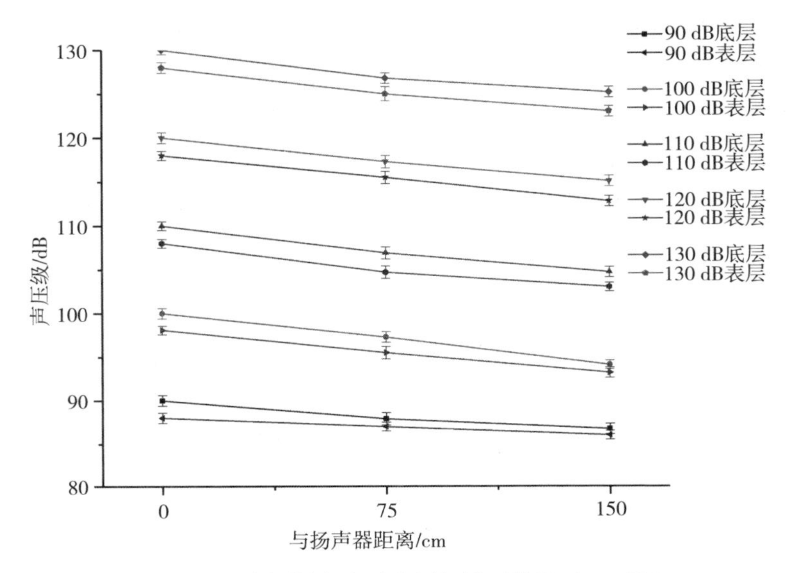

图 5-2 各测量点水下声压级矫正结果（500 Hz）

$$D = \sum_{i=1}^{n} \sqrt{[(x_i - x_i + 1) \cdot k_x]^2 + [(y_i - y_i + 1) \cdot k_y]^2}$$

（式 5-1）

式中：

x_i ，y_i ——ZooTracer 像素点坐标值；

i——起始帧数；

n——完成运动位移所用的帧数；

k_x ，k_y ——实际距离修正值，$k_x = 1.469$，$k_y = 0.380$；

D——实际位移距离，单位：cm。

游泳速度公式为：

$$V = \frac{D \cdot fps}{f_i} \qquad \text{（式 5-2）}$$

式中：

D——为式 5-1 中实际位移距离；

fps——视频每秒传输帧数；

f_i——完成矢量位移所用帧数；

V——游泳速度，单位：cm/s。

最后，在数据处理过程中，针对运动轨迹有规律变化的试验组，进行平均游泳速度与声压级（*SPL*）变化的统计分析。对运动轨迹无规律变化的试验组，则按照图 5－1 统计区域划分，对试验鱼群的位置、鱼群数量百分比及停留时间进行统计分析。

根据试验鱼对声刺激的行为反应，将鱼群在不同区域内（图 5－1－b）的反应时间和聚集率进行以下定义：

（1）响应时间：从放声开始时，到鱼群运动轨迹突然改变的时间。

（2）游向时间：从响应时间结束时，到 70%的试验鱼开始游向指定区域所用的时间。

（3）停留时间：游向时间结束后，从停留到离开指定区域所用的时间。

（4）聚集率：为停留时间内聚集到指定区域内鱼群数量的百分比。

第三节　结果与分析

一、幼鱼对生物噪声的行为反应

（一）对摄食原声的行为反应

在对幼鱼使用摄食原声的声诱集试验过程中，随着 *SPL* 从 90 dB 到 120 dB 逐渐增加，试验鱼群的运动轨迹出现了规律性的变化（图 5－3），并且其平均游泳速度、响应时间、停留时间也出现了相应的变化。

在放声开始前，从鱼群运动轨迹趋势图的结果（图 5－3－a）可知，在无任何刺激、未放声条件下，幼鱼的主要运动轨迹是在水槽中沿着内壁重复地做绕圈游动，其活动水层是随机的、不规则的，有时贴着水槽底，有时浮出水面，说明试验鱼对水槽处于适应阶段，无明显行为差异，平均游泳速度为（29.15±0.57）cm/s（图 5－4）。

开始放声后，当 *SPL* 以 90 dB 开始时，幼鱼仍继续在水槽内做规则绕壁动作，平均游泳速度为（30.05±0.35）cm/s；当摄食原声 *SPL* 增加到 100 dB 时，结果如图 5－2－b 所示，鱼群开始有显著的运动轨迹变化，鱼群结构分布从在水槽内壁规则绕壁到逐渐缩小范围，变成小的椭圆形，平均响应时间为（5.15±0.35）s（图 5－4），同时鱼群游泳速度和方向也

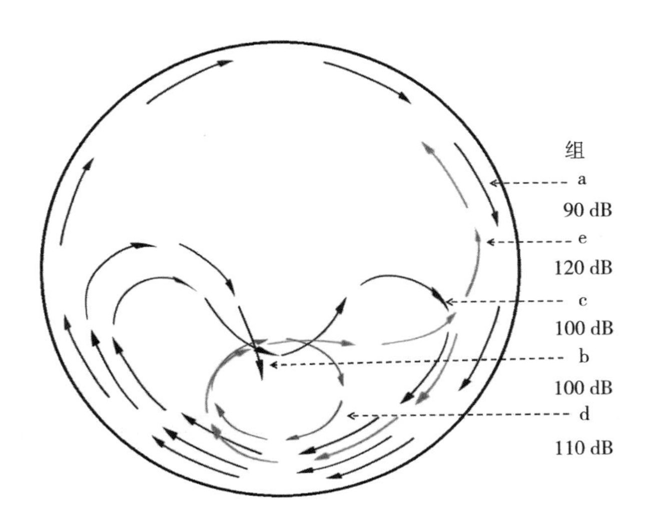

图 5-3 幼鱼在摄食原声条件下运动轨迹

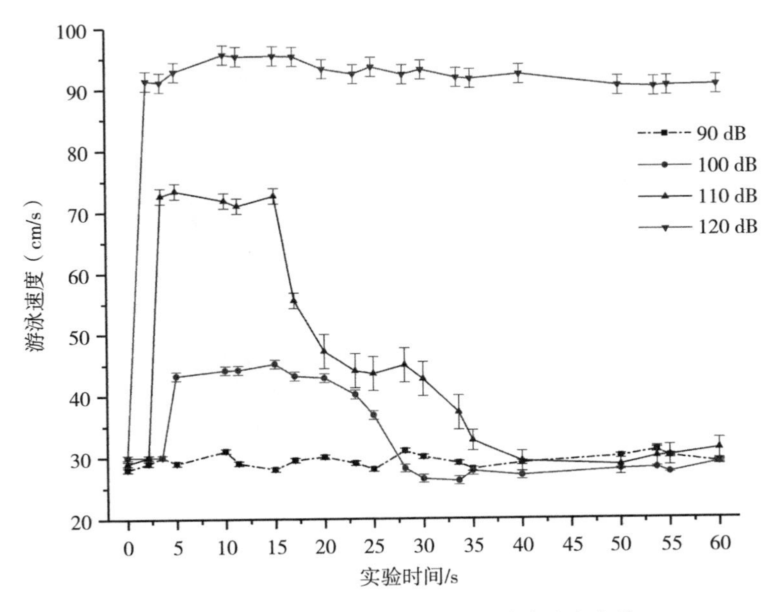

图 5-4 摄食原声条件下幼鱼的游泳速度变化

开始产生变化，97%的鱼群以（43.23±0.72）cm/s的平均游泳速度向日常投饵点A区方向游去，游向时间为（23.15±0.25）s，随后在A区附近做减速盘旋状环绕巡航（图5-3-c），平均游泳速度为（28.15±0.65）cm/s，盘旋停留时间为（25.81±0.15）s。

随着摄食原声 *SPL* 继续增加，幼鱼的行为也随之产生变化（图 5－3－d）。当 *SPL* 增加到 110 dB 时，幼鱼更加集中地聚集在投饵点 A 区（图 5－5），聚集率为 93.8%，平均响应时间缩短为（3.55±0.35）s，游向 A 区所用时间为（11.65±0.75）s，平均游泳速度为（72.65±1.27）cm/s（约 8.5 BL/s*），相对较快，而后聚集在 A 区以平均（42.46±2.78）cm/s 的速度做盘旋状运动，与暂养期间投饵时鱼群争夺饵料的行为反应相一致，但停留时间则缩短为（18.4±0.95）s，随后离开投饵点做无规则运动，且平均游泳速度变为（33.32±1.65）cm/s。而当 *SPL* 继续增加到 120 dB 时，鱼群更加快速地游向投饵点 A 区，而后又迅速分散（图 5－3－e），并伴随出现惊吓反应，游泳速度增加为（95.27±1.57）cm/s（约 11.2 BL/s）。至此，终止 *SPL* 增加试验。

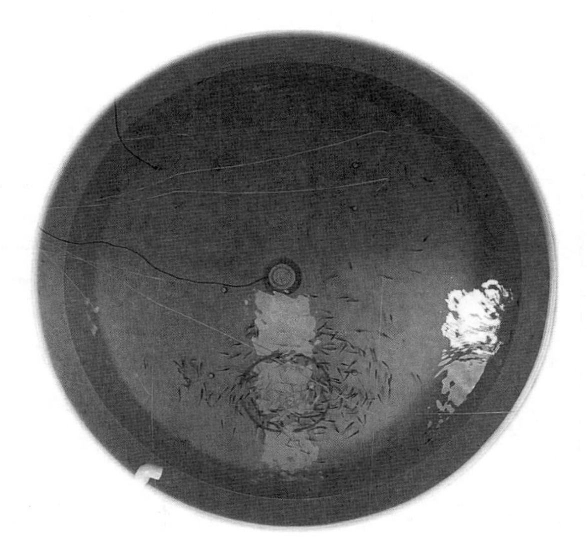

图 5－5 摄食原声对幼鱼的诱集效果示意图

（二）对摄食噪声的行为反应

在摄食噪声试验组 *SPL* 从 90 dB 至 120 dB 的增加过程中，幼鱼的运动轨迹均无规律变化（图 5－6）。因此，对试验鱼群出现区域、停留数量以及停留时间进行统计分析（表 5－1）。

声诱集试验开始前，试验鱼类处于规则绕壁适应状态。当水下播放

---

* BL/s，即 body lengths per second，由鱼体体长换算而来。

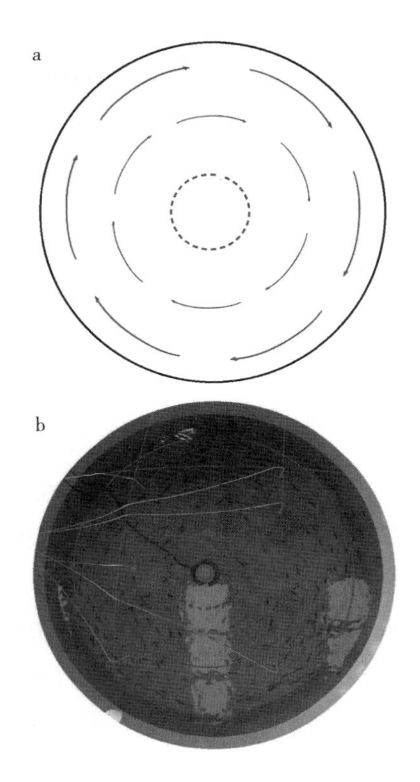

图 5-6 摄食噪声条件下幼鱼的运动轨迹变化

经过频率带宽处理的摄食噪声（2 000～5 000 Hz）时，*SPL* 从 90 dB 逐渐增加到 110 dB，鱼群仍然在做规则绕壁运动，平均游泳速度为（29.65±0.37）cm/s（表 5-1）。直至 *SPL* 增加到 120 dB，鱼群开始从规则绕壁运动变为部分鱼群慢慢向声源 C1 区靠近，并且随机分布在水槽中不同区域。此时，C1 区处约有 10.8%的少量鱼群出现停滞现象；C2 区有 29.7%的鱼群在做缓慢［（15.37±0.68）cm/s］环绕运动，（15±1.56）s 后也出现停滞现象；在 C3 区的鱼群游泳速度相对变慢［（21.17±0.51）cm/s］，但仍然沿着水槽内壁做规则绕壁运动；当 *SPL* 逐渐增加到 130 dB 时，鱼群并未出现惊吓反应，只有 21.3%的鱼群在沿着水槽内壁做规则绕壁运动，平均游泳速度为（15.98±0.26）cm/s，其余鱼群变得反应迟钝，出现停滞现象，且随机分布于水槽中。至此，停止 *SPL* 增加试验。

表 5-1 摄食噪声条件下幼鱼行为变化统计结果

区域声压级/dB	游泳速度（cm/s）与行为反应			停留数量（%）与停留时间（s）		
	C1	C2	C3	C1	C2	C3
90～110	—	—	29.65±0.37 CR	—	—	100% 60 s
120	0 SR	15.37±0.68 CR	21.175±0.51 CR	10.8% (56±1.85) s	29.7% (44±1.56) s	59.5% 60 s
130	0 SR	0SR	15.98±0.26 CR	3.3% (37±2.56) s	30% (52±1.7) s	66.7% 60 s

注：该区域内无试验鱼—（No fish），环绕巡航反应 CR（Cruise response），停滞反应 SR（Standstill response）。

二、成鱼对生物噪声的行为反应

在对 40 尾成鱼进行生物噪声诱集试验过程中，试验鱼对摄食原声和摄食噪声均未出现明显的聚集行为，但在不同区域和活动水层出现了相似的行为变化。

在 *SPL* 从 90 dB 增加到 110 dB 过程，试验鱼的运动轨迹随机分布于水槽中，无明显的运动规则和行为反应［平均游速为（60.17±2.85）cm/s］；而在摄食原声 a 组（以下简称原声 a 组）和摄食噪声 b 组（以下简称噪声 b 组）声诱集试验中，*SPL* 增加到 120 dB 时，在 C1、C2、C3 不同区域，试验鱼群的个体数量、游泳速度和行为反应均出现了明显变化。具体统计结果（图 5-7 和表 5-2）如下：

1. C1 区

声诱集试验过程中，原声 a 组与噪声 b 组的试验鱼，在 C1 区均出现过短暂停留。鱼群数量的百分比为原声 a 组（4.5±0.5)%，噪声 b 组（2.9±0.3)%（图 5-7)；试验鱼从 C3 区游向 C1 区的平均游泳速度相对缓和（表 5-2)，原声 a 组试验鱼以（67.63±3.91）cm/s 的平均速度向 C1 区靠近，噪声 b 组则为（70.12±2.73）cm/s。

2. C2 区

由图 5-7 中结果可知，C2 区内鱼群结构数量百分比为原声 a 组（16.3±2.7)%，噪声 b 组（16.6±1.2)%；试验鱼在 C2 区内均出现加速—滑翔（Kicking-Gliding model）的运动模式，在运动游向 A 区时，原声 a 组最大速度为（122.68±4.15）cm/s，噪声 b 组为（130.94±5.15）cm/s；在 A 区

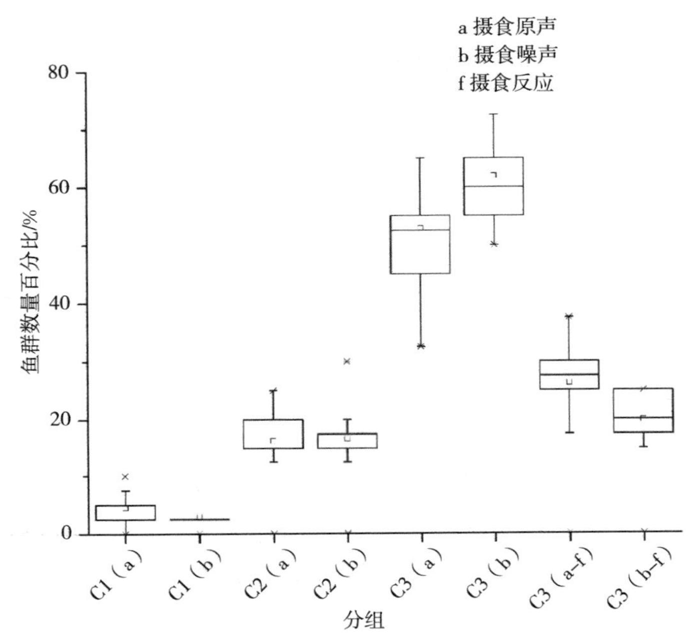

图 5－7 生物噪声 120 dB 条件下不同区域鱼群数量的变化结果

内原声 a 组滑翔速度为（50. 15 ± 2. 75）cm/s，噪声 b 组为（59. 31 ± 3. 18）cm/s。

3. C3 区

在 C3 区域，试验鱼发生活动水层上升变化，部分试验鱼沿着水槽内壁浮出水面做逆时针慢速巡航运动，并且嘴部伴随出现重复张开与闭合动作，是大黄鱼典型的摄食行为表现；剩余试验鱼则仍然在顺时针做规则绕壁运动。

原声 a 组试验鱼浮出水面的百分比为（26. 3 ± 2. 3)%，且逆时针巡航的平均游泳速度为（22. 35 ± 1. 71）cm/s；噪声 b 组所占百分比则为（19. 8 ± 1. 8)%，平均游泳速度为（19. 94 ± 1. 59）cm/s。

剩余的试验鱼，原声 a 组（52. 8 ± 1. 7)%、噪声 b 组（61. 9 ± 2. 4)%，则一直在 C3 区顺时针规则绕壁，平均游泳速度分别为（75. 91 ± 2. 57）cm/s 和（74. 52 ± 2. 78）cm/s。

当 *SPL* 继续增加到 130 dB 时，试验鱼突然出现惊吓反应，并且加速避让 C1 区内的声源，逃逸时最大游泳速度为（210. 85 ± 3. 68）cm/s（约

11.3 BL/s)。至此，停止 *SPL* 增加试验。

表 5-2　生物噪声条件下成鱼的游泳速度和行为的变化

区域声压级/dB	游泳速度（cm/s）与行为反应			
	C3—C1	C2	C3	C3-f
90～110	60.17±2.85（RM）			
120（a）	67.63±3.91	50.15±2.75～122.68±4.15	75.91±2.57	22.35±1.71
120（b）	70.12±2.73	70.12±2.73～130.94±5.15	74.52±2.78	19.94±1.59
	（SC）	（KG）	（CR）	（FR）
130	210.85±3.68（DR）			

注：无规则运动 RM（Random motion）；缓慢靠近 SC（Slowly close）；滑翔游泳 KG（Kicking-Gliding model）；环绕巡航反应 CR（Cruise response）；上浮反应 FR（Floating response）；惊吓反应 DR（Disturb response）；（a）摄食原声；（b）摄食噪声；（f）上浮反应。

第四节　讨　　论

一、影响大黄鱼声诱行为反应的因素

由试验结果可知，大黄鱼幼鱼和成鱼对其生物噪声（摄食原声和摄食噪声）在不同声压级条件下，均出现了不同的行为反应。具体原因分析如下：

1. 外在因素——水下声音环境

无论是海上网箱养殖区，还是室内玻璃钢养殖水槽都有其固有的“声境”。鱼类在其栖息地或已熟悉适应的“声境”中，可以利用水下的声音信息进行摄食、求偶、声通信交流等行为。试图改变或干扰鱼类倾听“声境”的声刺激，则会对鱼类的生理、行为以及种群等方面产生影响。

本次试验所用的摄食原声频率带宽为 20 Hz 至 24 kHz，幼鱼的摄食噪声为 2 000～4 500 Hz，成鱼的摄食噪声为 500～1 250 Hz。幼鱼的声诱集效果由高到低依次为摄食原声>摄食噪声，与竹村旸等（1988）所测得的结果一致。

幼鱼试验组，摄食原声包括低频带宽范围内，投喂饵料的落水声、鱼群摄食和争夺饵料过程的加速游泳噪声；高频带宽范围内，吞食和咀嚼饵料的噪声，以及玻璃钢水槽内的环境噪声（增氧机关闭）。根据前文 ABR

试验结果可知，大黄鱼具有分辨不同频率的听觉能力。因此，大黄鱼可以分辨出低频率带宽和高频带宽生物噪声的频率差异。而且只有摄食原声才能较完整地还原从投饵到摄食过程的“声境”。由此可解释，为什么当幼鱼听到饵料落水声、争食声和咀嚼声这一系列已经习惯且存有记忆的摄食声音信号时，会作出相应的觅食行为，即游向日常投饵点 A 区，而不是游向声源中心或其他等值声压级的区域。

在 2 000～4 500 Hz 摄食噪声的声刺激条件下，幼鱼无法获取完整的摄食过程的声音信息。此时，幼鱼表现为相对缓慢、试探地靠近声源中心，或停留，或在等值声压级区域做慢速巡航，这是无明确方向性的觅食行为。

成鱼试验组，则无明显的诱集效果和显著性行为差异。原因是，试验水槽无法完整还原自然水域内的网箱养殖“声境”。成鱼组所用摄食原声，录制于海上网箱养殖区内，包括大黄鱼的游泳噪声、摄食发声、摄食噪声，以及海上环境噪声。因此，在 90～130 dB 放声条件下，成鱼在玻璃钢水槽中无明确的运动轨迹方向，只是出现水层变化和摄食动作，以及平均游泳速度的变化。通过统计出现水层变化和摄食行为的鱼群数量可知，摄食原声（约 26.3%）效果略优于摄食噪声（约 19.8%）。

此外，饵料属性和鱼类的摄食方式也能够影响摄食声音频谱。本次试验暂养所投喂的饵料属性，与声诱集试验所用的相一致。幼鱼为膨化悬浮颗粒饵料，投饵时饵料悬浮于投饵点 A 区；成鱼为肉糜漂浮性饵料，投饵时漂浮在水面的肉糜容易四处扩散。幼鱼的摄食方式为加速游到中上层吞食，成鱼的摄食方式为上浮到表层不断地吞食，游泳速度相对较慢。由此，也可以解释在生物噪声放声诱集时，幼鱼与成鱼表现出的摄食反应和运动轨迹不同的原因。

2. 内在因素——鱼类的听觉特性

由前文 ABR 试验结果可知，大黄鱼的听觉敏感频率在 500～800 Hz，其听觉阈值随着年龄的增加而增加。因此，在声刺激试验中，幼鱼和成鱼对声压级的反应阈值不同，幼鱼为 120 dB，成鱼为 130 dB。

刘贞文等（2014）在使用 600 Hz 正弦波声刺激大黄鱼试验中指出，幼鱼（体长 10～12 cm）在声压＞40 Pa（126 dB）时主动避开声源，成鱼

（体长 20～24 cm）在声压>100 Pa（133 dB）时出现少量鱼群快速游离声源。

3. 其他原因

另外具有参考价值的观点是，Lima 等（1990）指出鱼类行为反应主要取决于鱼类所处于什么样的状态（饥饿或警惕）。鱼群对人工刺激音的反应，不仅是因为原本“声境”的改变，同时也可能体现出鱼群“被捕食”的潜在危险。鱼群对“被捕食”危险的行为反应，更能够帮助我们理解声音对鱼类行为的影响。

Handegard 等（2012，2016）认为，鱼类对人工刺激音的行为反应，不仅取决于声音的频率与声压级强度，还与鱼群数量和鱼群内部结构有关。因为，参与集群的个体数量不同，形成的集群防御结构也不同，且鱼群个体数量越多越容易产生集群现象，所以鱼群的行为反应也可以依靠鱼群个体数量和结构变化进行预测。

本次试验用大黄鱼的鱼群数量为幼鱼 300 尾，成鱼 40 尾，均处于饥饿状态。因此，本次试验所用的幼鱼组在不同声音刺激下，从规则绕壁到觅食巡航，再到惊扰逃逸，都比成鱼组更容易出现规律性运动轨迹的变化，且聚集率也比成鱼组高。

二、游泳速度与行为反应的关系

“两点法”是常用的测量鱼类游泳速度的方法，适用于自然水域或水槽试验。即根据测量记录鱼类游过两点之间的时间和距离，可以获得该段位移距离中鱼类的平均游泳速度。本试验基于两点法，根据高速运动摄像机录制的视频进行 PCA 像素处理，而后计算鱼类在通过两个像素位移坐标所用的时间和距离，从而获取鱼类的平均游泳速度。

根据监控视频结果可知，大黄鱼的游泳方式主要是依靠鱼体后半部和尾鳍摆动形成推进力向前游动，其特点是加速度较大。目前，关于惊扰状态下大黄鱼爆发游泳速度的研究未见发表，因此，本试验主要以试验鱼的最大游泳速度是否超过 10 BL/s，作为试验鱼是否受到声音惊扰的依据。

将不同的试验条件下，所测得试验鱼的游泳速度换算成为体长单位

(BL/s)，然后与其行为变化相比较（表 5－3），不同体长的试验鱼其游泳速度均可以反应鱼类相似的行为状态。在试验过程中，大黄鱼觅食行为的游泳速度为 1.1～1.9 BL/s（摄食方式不同）；大黄鱼自由巡航的游泳速度为 3.3～4.1 BL/s，加速捕食（鱼群争食）或避让干扰的游泳速度为7.0～8.5 BL/s，惊吓逃逸的游泳速度为 11.2～14.3 BL/s，成鱼出现的加速—滑翔游泳速度为 2.7～7.0 BL/s。

表 5－3　游泳速度与行为反应的关系

体长/cm	行为反应和游泳速度（BL/s）						
	FR	RM	SC	SU	DR	K-G	
8～9	1.9	3.5	5.2～6.6	8.5	11.2～14.3	—	
17～20	1.1～1.6	3.3～4.1	6.6	7	11.4	6.6～7.0	2.7～3.2

注：无规则运动 RM（Random motion），缓慢靠近 SC（Slowly close），突然加速 SU（Speed up），觅食反应 FR（Floating response），惊吓反应 DR（Disturb response），加速—滑翔 K-G（Kicking-Gliding model）。

三、生物噪声诱集与音响驯化的比较

1. 生物噪声诱集与音响驯化的区别

鱼类对人工合成声音的反应，并不是首次听到就能产生正趋性（多数为负趋性），而是需要放声配合投饵驯化一定周期，使鱼类对人工合成声音形成条件反射后才能进行声诱集，该方法被称为音响驯化。

而鱼类利用生物噪声的声通信交流，则是从出生就开始通过学习而形成的印记行为。例如，如何利用声音进行摄食、逃避敌害、洄游等。与音响驯化的区别在于，鱼类对生物噪声的声诱集行为不需要驯化。这是因为，鱼类对其所适应“声境”中具有生物学意义的声音存在本能的正趋性。

因此，利用生物噪声可以直接声诱集鱼类，无需进行驯化，所以省略了音响驯化初期需寻找适宜的声刺激频率和建立条件反射的步骤。

2. 诱集效果比较

在本次无投饵声诱集试验中，幼鱼组摄食原声的效果最明显，在 1 min声诱集试验中，诱集率为 93%～97%，诱集停留时间为 18.4～25.8 s；而结合投饵的音响驯化试验的诱集率则可以达到 100%，1 min 放声时间内诱集停留时间为36～60 s。例如，张沛东等（2004）在利用400 Hz连续正弦波对鲤和草鱼的音响驯化中，将投饵点与声源分离，驯化初期试验鱼在声刺激条件下均产生了惊愕反应；但经过5 d的放声投饵驯化后，试验鱼在放声刺激时，可以迅速游向投饵点，且聚集率为100%。Anraku等（2006）在日本鹿儿岛海域进行的300 Hz短纯音真鲷声导鱼试验中，未经过驯化但有配合投饵组的试验效果最佳，它可以将真鲷鱼群诱导至7 000 m以外的距离，且鱼群跟随率高达40%。因此，放声配合饵料，才是提高诱集效果的关键。

综上所述，大黄鱼类对声音产生诱集行为反应的机理，其基本要素应当包括大黄鱼对不同频率（低频和高频）的听力敏感度不同，刺激强度（声压级）应适宜，完整还原能够激活大黄鱼摄食动机的“声境”（频谱特征）。

本次大黄鱼声诱集试验，通过鱼类的游泳速度、行为表现、停留位置和停留时间，分析出不同声刺激条件下，大黄鱼声诱集行为产生差异的原因；解释了大黄鱼出现声诱集行为反应的原因及其机理；验证了大黄鱼摄食过程的生物噪声具有声诱集效果。声诱集是一种可行的、对鱼体无伤害的、能激活大黄鱼摄食动机的有效诱集方法。

本次试验为了避免饵料投喂使鱼产生条件反射，全程无饵料投喂。但结合本次试验结果推断，在适宜的声压级（110～120 dB）范围内，如若配合饵料进行摄食原声音响驯化，则会进一步提高大黄鱼的诱集率和诱集停留时间。今后将继续开展相关研究工作，深入研究生物噪声在海区放养声导鱼以及标志放流回捕等研究中的应用，并进行野外试验数据的补充。同时，也要考虑如何利用生物噪声开发新型声诱导选择性捕捞渔具，为保护听觉敏感的石首科鱼类提供参考依据。

第六章

大黄鱼连续声暴露刺激试验

第一节　引　言

目前关于大黄鱼声敏感性的研究方法主要为水槽声暴露试验观察大黄鱼行为反应及生理生化指标变化。研究指出，高强度短暂的水下噪声会导致大黄鱼产生暂时性失聪、行为异常以及血液和神经组织等生理指标异常。长期暴露在高强度水下噪声中，可能会降低摄食转换效率、免疫力、存活率和生长率等，从而影响大黄鱼生长。刘贞文等（2014）针对 3 个年龄段的大黄鱼进行了不同频率和不同声压等级的刺激试验，发现鱼龄越小的大黄鱼对声音越敏感，高强度噪声不会直接造成鱼死亡，而在后续的 2～3 d 内，大黄鱼会出现非正常行为或不进食而死亡。林听听等（2020）将大黄鱼产卵场附近的航船噪声作为刺激源对大黄鱼的幼鱼进行声刺激，当噪声低于 60 dB 时，大黄鱼幼鱼反应不强烈；随着噪声的加剧，大黄鱼幼鱼表现出不同强度的趋避行为，超过 200 dB，刺激 2 min 后鱼体死亡。在 120～150 dB 范围内进行单次或多次刺激，鱼体内皮质醇、血糖和乳酸水平上升幅度最大。施慧雄等（2010）研究了模拟船舶噪声对大黄鱼皮质醇分泌的影响，结果表明当受到船舶噪声刺激时，大黄鱼血液中皮质醇水平显著升高，并发生应激反应，影响健康。

第二节　材料与方法

试验鱼购于福建省某大黄鱼养殖场，平均体质量为（352.81±70.99）g。试验前于室内水泥池中暂养 2 周，所用海水经过砂滤处理，水温为（19.0±0.5）℃，使用气泵进行连续充气，每日 9：00 和 14：00 各投喂颗粒饲料 1 次。

利用水下扬声器、功率放大器和函数发生器，使用 1/3 倍频程频率（100 Hz、125 Hz、160 Hz、200 Hz、500 Hz、630 Hz 和 800 Hz 正弦波）进行声暴露刺激试验，声压级强度为 155 dB（施慧雄等，2010）。

一、行为反应试验方法

在钢制水槽内放置水下扬声器，使用函数发生器和功放进行水下声刺激暴露试验（图 6－1），声刺激频率选择依次为 100 Hz、125 Hz、200 Hz、500 Hz、630 Hz 和 800 Hz 的正弦波，声压级强度为 155 dB（施慧雄等，2010）。

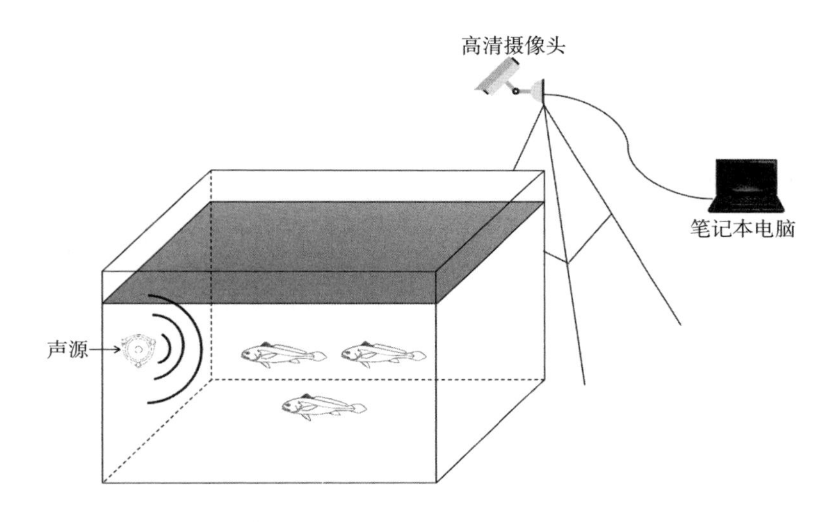

图 6－1　行为试验水槽搭建示意图

水下背景噪声使用日本 AQH 水听器［灵敏度：－193 dB（re 1V/μPa），频率带宽 20 Hz 至 20 kHz，日本 AQH］进行测量。

大黄鱼行为反应分析，参照张旭光等（2021）的方法，根据试验鱼的行为进行特征分类，并以不同字母定义，然后在记录时间内将代表这些行为特征的字母按时间顺序组合，构建大黄鱼的行为序列谱。

二、生理反应试验方法

对试验鱼进行取样，取样时每次从钢制水槽中随机选取 6 尾大黄鱼个体，迅速用 MS-222 麻醉后进行尾静脉取血。血液样品放置在 4℃静置 6 h 后进行离心（8 000 r/min，15 min），收集上层血清用于皮质醇、血糖、乳酸、肾上腺素、甲状腺素等指标测定。皮质醇、肾上腺素、甲状腺素指标采用 ELISA 方法测定，血糖指标采用比色法测定，乳酸指标采用分光光度法测定，测定所用试剂盒购于南京建成生物工程研究所，具体测定方法参照说明书进行。

用 SPSS 26.0 软件对数据进行统计，数据以平均值 ± 标准误（x ± SE）的形式表示；对不同频率声刺激下各组样品生理指标数据进行单因素方差分析（one - way ANOVA），并对各组的差异数据做 LSD 多重比较，$P<0.05$ 表明差异显著。

第三节　结果与分析

一、行为反应结果

试验鱼在 155 dB 不同频率刺激 1 h 条件下的行为反应（图 6 - 2）分析：

声刺激前期试验鱼主要表现为对声刺激源的试探性到适应性，试验鱼在不同频率条件下会出现靠近喇叭而后加速逃逸的现象；部分刺激频率条件下，试验鱼被喇叭吸引，随即出现缓慢或加速靠近并短暂停留在喇叭附近的现象。声刺激后期，630 Hz 条件下的试验鱼一直无规则运动、四处游动。其他刺激频率条件下，试验鱼均对刺激声音产生了适应性，基本处于规则绕壁或自由巡航等游泳状态，未出现明显惊扰反应现象。具体分析如下（表 6 - 1）：

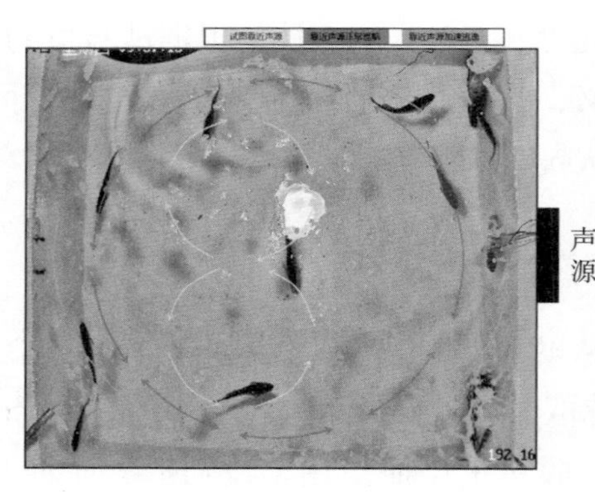

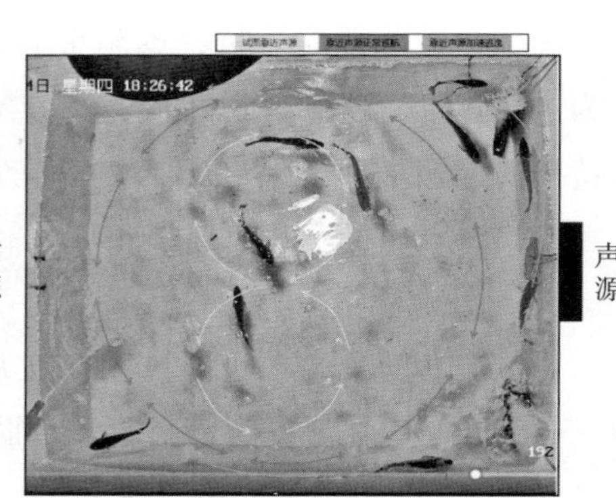

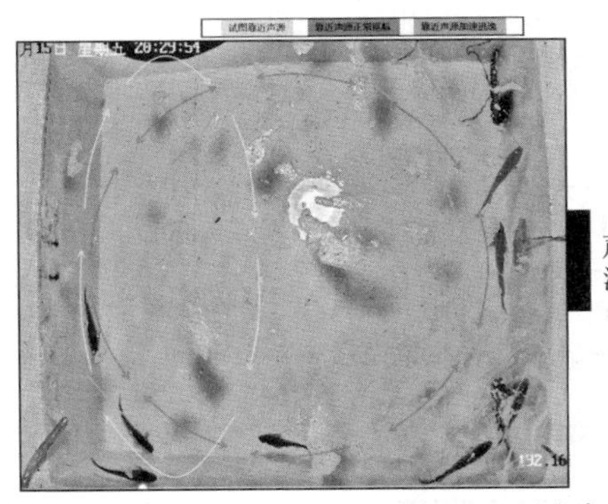

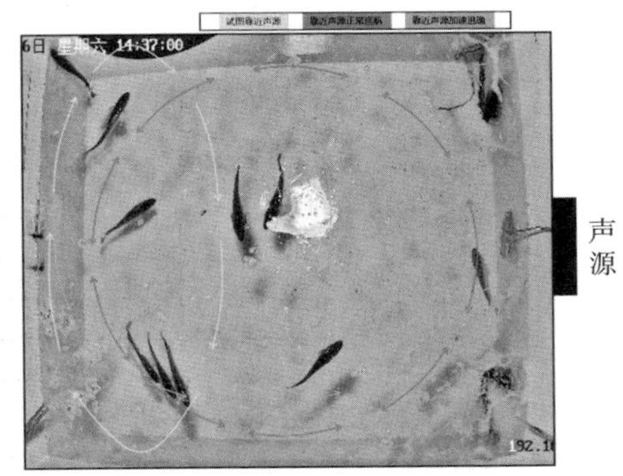

图 6-2　试验鱼的运动轨迹示意图

表 6-1　大黄鱼在 1 h 连续振动刺激下的行为反应

组别	振动刺激频率/Hz	行为反应	鱼群行为序列图谱代号
250 g 组	125	四处乱窜、无规则运动	RM
		缓慢靠近后巡航离开	SC-CR
		自由或环绕巡航	CR
		缓慢靠近后随机离开	SC-RM
		停滞反应	SR
	200	自由或环绕巡航	CR
		缓慢靠近后随机离开	SC-RM
		缓慢靠近后巡航离开	SC-CR
		滑翔游泳	KG
		自由环绕巡航	CR
		停滞反应	SR
	对照组	无规则运动	RM
		自由巡航	CR
		停滞反应	SR
500 g 组	125	缓慢靠近后停滞	SC-SR
		自由或环绕巡航	CR
		缓慢靠近后随机离开	SC-RM
		停滞反应	SR
	200	缓慢靠近后停滞	SC-SR
		自由或环绕巡航	CR
		缓慢靠近后随机离开	SC-RM
		无规则运动	RM
		停滞反应	SR
	对照组	无规则运动	RM
		自由巡航	CR
		停滞反应	SR

注：无规则运动 RM（Random motion），缓慢靠近 SC（Slowly close），滑翔游泳 KG（Kicking-Gliding model），自由或环绕巡航 CR（Cruise response），停滞反应 SR（Standstill response）。

以此可知，在声暴露条件下大黄鱼鱼群行为的序列图谱如图 6－3 所示，试验鱼在 500 Hz 和 630 Hz 条件下行为反应最为复杂。

100 Hz	RM——SC-DR——CR——KG——SR
125 Hz	RM——SC-DR——CR——SU——CR ——SC-SR
160 Hz	CR——SC-SR——CR ——SC-CR——CR
200 Hz	RM——SC-CR——CR——SR
500 Hz	SR——SC-SR ——SC-CR ——SU-SR ——SC-SR ——SC-CR
630 Hz	RM——SC-SR ——KG——SC- CR——SC-SR——RM
800 Hz	CR——SU——SC-SU——SC-SR——RM
对照组	RM——CR——KG——SU——SR

图 6－3　大黄鱼鱼群在不同声刺激条件下的行为序列图谱

注：无规则运动 RM（Random motion），缓慢靠近 SC（Slowly close），滑翔游泳 KG（Kicking-Gliding model），自由或环绕巡航 CR（Cruise response），突然加速 SU（Speed up），停滞反应 SR（Standstill response）

通过不同频率下行为状态总频次统计结果（图 6－4）可知，试验鱼在 800 Hz 条件下“靠近后加速离开”的行为反应次数最多（435 次）；在 630 Hz 条件下“靠近后巡航离开”反应次数最多（356 次），“缓慢靠近停留”次数也最多（177 次）。总体而言，随着频率的增加，试验鱼“靠近后巡航离开”的状态较稳定；“缓慢靠近停留”的频次在 630 Hz 时最多，

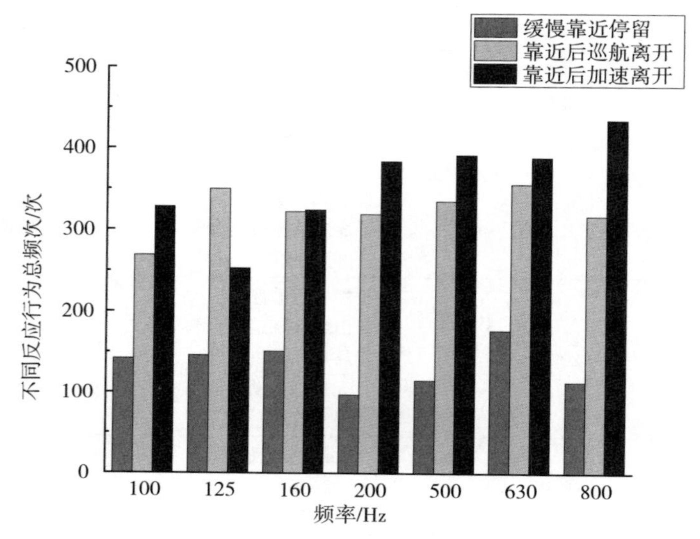

图 6－4　不同频率条件下试验鱼的典型行为反应频次统计

但整体还是逐渐减少；“靠近后加速离开”的频次随着声刺激频率的增加逐渐增多。

二、生理反应结果

（一）乳酸

试验鱼乳酸变化结果如图 6－5 所示，与对照组相比，1 h 不同振动刺激频率下，所有刺激频率的乳酸含量均有所上升，其中刺激频率为 125 Hz、160 Hz、200 Hz 和 800 Hz 下的大黄鱼的乳酸含量显著上升（$P<0.05$）。

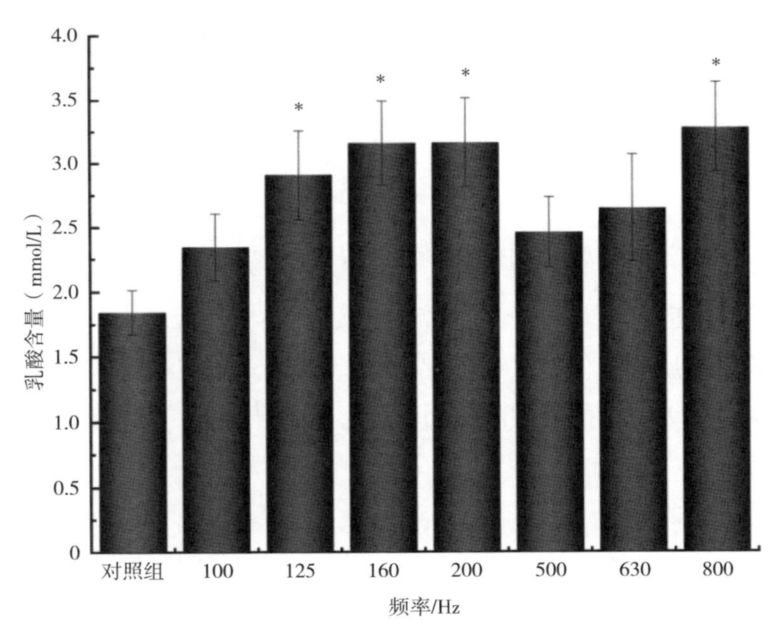

图 6－5 不同频率声刺激下大黄鱼的乳酸含量变化

（二）血糖

试验鱼血糖变化结果如图 6－6 所示，与对照组相比，1 h 不同振动刺激频率下，除刺激频率为 160 Hz 外，其他刺激频率下的大黄鱼血糖含量均有所上升。630 Hz 频率声刺激组大黄鱼血糖含量显著高于对照组（$P<0.05$）。

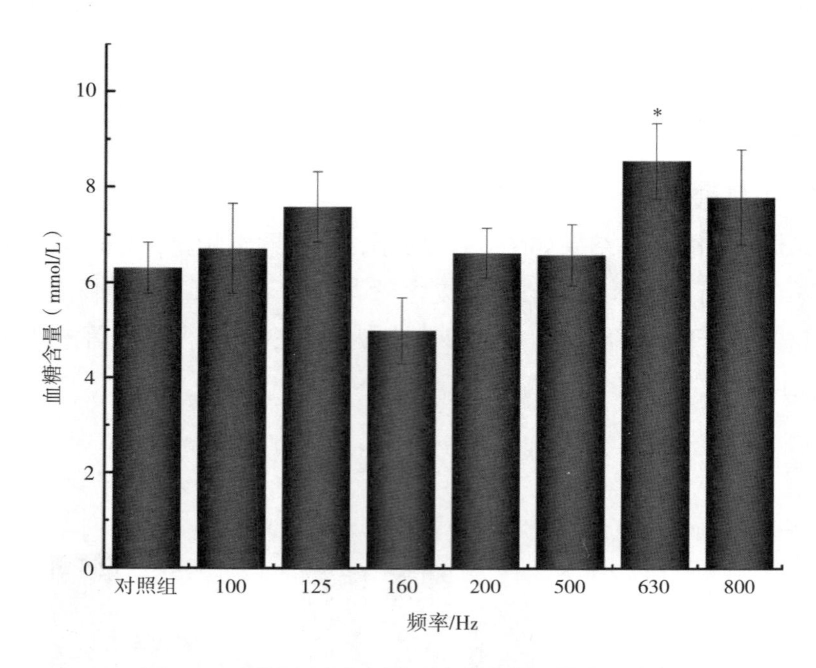

图6－6　不同频率声刺激下大黄鱼的血糖含量变化

（三）皮质醇

试验鱼皮质醇变化结果如图6－7所示，与对照组相比，1 h不同振动刺激频率下，大黄鱼血清中的皮质醇含量均有所上升，但与对照组并无显著性差异（$P>0.05$）。

（四）肾上腺素

试验鱼肾上腺素变化结果如图6－8所示，与对照组相比，1 h不同振动刺激频率下，试验组大黄鱼血清中的肾上腺素含量均有所上升，其中刺激频率200 Hz、630 Hz和800 Hz下的大黄鱼的肾上腺素含量显著高于对照组（$P<0.05$）。

（五）甲状腺素

试验鱼甲状腺素变化结果如图6－9所示，与对照组相比，1 h不同振动刺激频率下，试验组大黄鱼血清中的甲状腺素含量上升，其中刺激频率100 Hz、200 Hz、500 Hz和630 Hz下的大黄鱼的甲状腺素含量显著高于对照组（$P<0.05$）。

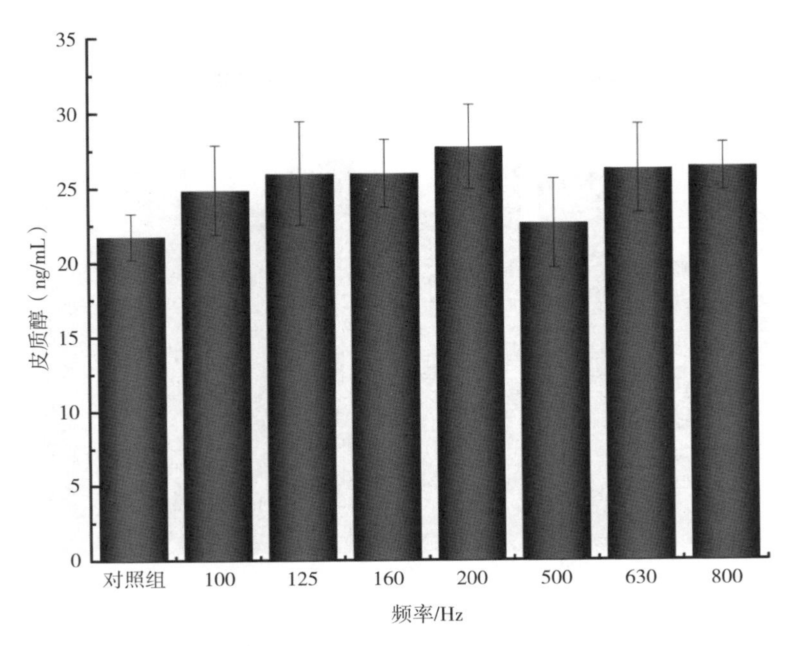

图 6-7 不同频率声刺激下大黄鱼的皮质醇含量变化

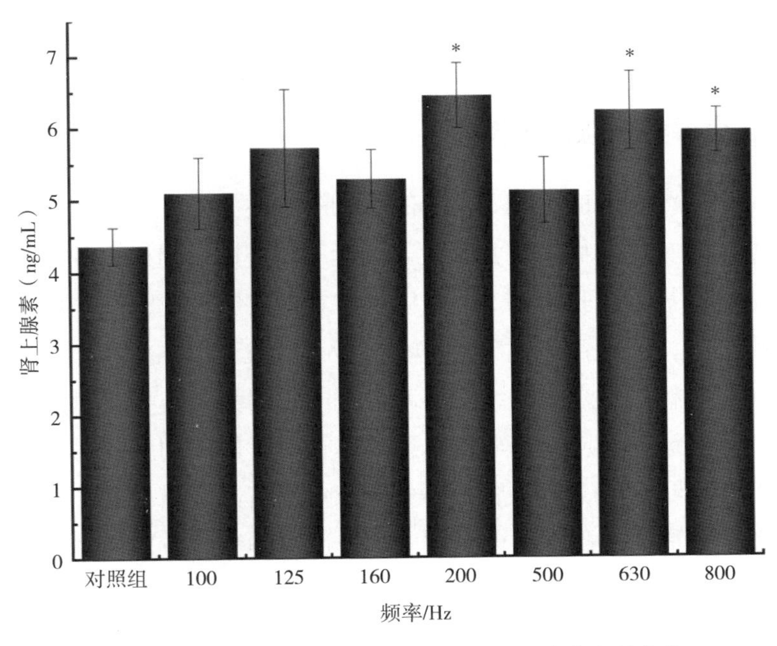

图 6-8 不同频率声刺激下大黄鱼的肾上腺素含量变化

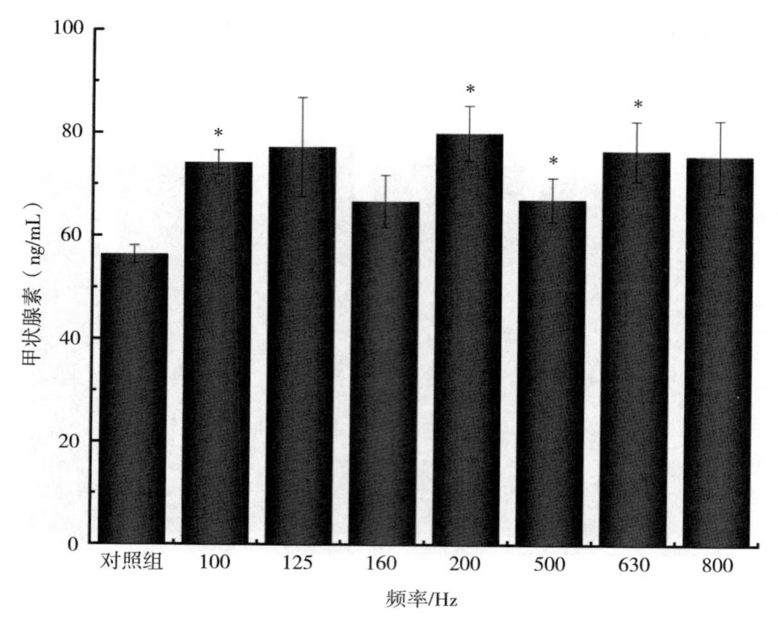

图 6－9　不同频率声刺激下大黄鱼的甲状腺素含量变化

第四节　讨　　论

一、声暴露刺激对大黄鱼行为的影响

随着声刺激频率的增加，鱼群的运动姿态逐渐发生变化。当声刺激频率逐渐增加时，试图靠近声源的大黄鱼运动轨迹逐渐向远离声源方向发生偏移，最后在靠近试验水槽左侧内壁的位置做绕圈游动，游动幅度也逐渐缩小为椭圆形；靠近声源后正常巡航的大黄鱼运动轨迹没有太明显的变化，在试验水槽内做重复的绕圈游动。可能是因为鱼类听觉对频率和强度不变的声音刺激的适应都是非常迅速的，初次发射声刺激使得大黄鱼突然受惊吓产生惊吓反应，但随后一部分大黄鱼逐渐适应该种信号，不再因该种信号的出现而受惊扰；靠近声源后加速逃逸的大黄鱼运动轨迹发生了明显的变化，在声刺激频率为 100 Hz 时与靠近声源后正常巡航的大黄鱼运动轨迹相似，在贴近声源的位置受到影响，出现小幅度的轨迹偏移（偏向试验水槽左侧）和加速离开声源区域的现象，随着声刺激频率增加到

160 Hz，轨迹偏移的幅度增加，加速逃逸现象更加明显，当声刺激频率增加到 630 Hz 时，轨迹偏移、逆向逃逸的幅度最大，且整个运动过程的范围已经偏离声源位置，靠近试验水槽左侧。这与刘贞文等（2014）运用声刺激行为方法测得结果相一致。

二、声暴露刺激对大黄鱼血液指标的影响

鱼类应激反应从神经内分泌反应开始，主要表现在两个系统：一个是交感神经—嗜铬组织系统（SC 系统），另一个是下丘脑—垂体—髓质（HPI 轴）系统。鱼类的应激首先表现为生理指标的波动，造成鱼体外与体内稳态的变化。皮质醇、肾上腺素和甲状腺素等指标已被作为鱼类的应激指示指标用于评估鱼类所受的各种环境胁迫、操作胁迫和运输胁迫等。

鱼体受到外界刺激时会产生皮质醇并释放到血液中，皮质醇是反应鱼类应激状态的重要指标，在鱼类遭受多种外界环境刺激后其含量会快速升高。Nichols 等发现，当暴露于定期间歇性、随机间歇性或连续性的船舶噪声时，大吻异线鳚幼鱼会表现出急性应激反应，且高强度的间歇性噪声会引起鱼体更大的应激反应，表现为鱼体的皮质醇浓度显著升高。本试验中，不同频率声刺激条件下，大黄鱼血清皮质醇含量均有所上升，这是大黄鱼应对声刺激胁迫的适应性调节，也反映出皮质醇作为大黄鱼声应激反应指示指标的灵敏性。

血糖浓度是应激反应中反映能量代谢变化的主要指标之一，由于糖原分解和糖异生作用加剧，通常导致应激反应过程中血糖浓度升高，反映了应激反应的持续性。本试验中，除刺激频率为 160 Hz 外，大黄鱼的血糖均有所增加，且 630 Hz 频率声刺激组大黄鱼血糖含量显著高于对照组（$P<0.05$）。声刺激应激状态下，大黄鱼的高血糖含量表明适应性调节过程中的巨大能量需求，为此鱼体需要通过增加能量代谢、加速糖原分解来为机体供能。试验组大黄鱼血清中乳酸含量均有所升高。在运输胁迫过程中，大黄鱼血清乳酸含量也有类似变化。甲状腺是下丘脑—垂体—甲状腺轴的一部分，因此甲状腺激素的分泌也受到经典的负反馈作用的调节。血液中甲状腺激素水平可以负反馈地作用于下丘脑，促进促甲状腺激素释放激素（TRH）和促甲状腺激素（TSH）的释放，从而控制甲状腺激素的

合成和释放。在本实验中声刺激后血液中甲状腺素含量均有所增加。肾上腺素主要通过促进糖原分解在短期内提供能量。一般认为，鱼类在应激因子刺激后，第一阶段出现交感神经—嗜铬组织系统反应，表现为血液中肾上腺素浓度升高；而在本试验中，声刺激后大黄鱼血液中肾上腺素含量均有所增加。肾上腺素可以作用于中枢神经系统，提高其兴奋性，使机体处于警觉状态，这与大黄鱼容易受惊，一听到声音便四处逃窜的行为表现一致。

在声暴露条件下，试验鱼在 500 Hz 和 630 Hz 条件下行为反应最为复杂；试验鱼在 800 Hz 条件下“靠近后加速”的行为反应次数最多（435 次）；在 630 Hz 条件下“靠近后巡航离开”的反应次数最多（356 次）、“缓慢靠近停留”次数最多（177 次）。由此可知，大黄鱼对 630 Hz 声刺激最为敏感。

大黄鱼在不同频率的声刺激下生理生化指标发生变化。大黄鱼在 200 Hz频率声刺激下，乳酸和肾上腺素、甲状腺素均显著高于对照组（$P<0.05$）；在 630 Hz 频率声刺激下，血糖、肾上腺素和甲状腺素均显著高于对照组（$P<0.05$）。因此，认为大黄鱼对于 200 Hz 和 630 Hz 声音更为敏感。

第七章

大黄鱼连续振动刺激试验

第一节　引　言

养殖工船内主要噪声源为船舶的固体声，它是由船上机械设备振动辐射到空气中及水下，同时向机座及其连接板壁等固体中传递，引起机座和相邻板壁等的振动噪声，虽然振幅和功率都很微小，但危害性极强。鱼类在水中主要通过内耳、侧线和鳔感受声压和振动，且低频振动对鱼类的影响主要是被侧线器官感受到并引起脑神经兴奋产生应激。活鱼运输条件下振动频率会对大口黑鲈和鳜的生理、生化特征等产生影响。张饮江等（2012）探讨金鱼对低温和振动胁迫的反应规律，结果表明在振动频率为 50 Hz 的条件下，金鱼的呼吸率下降 30%～49%，血液中的皮质醇浓度升高 35%～129%，因此振动刺激是影响金鱼苗成活的重要外部环境因子。王文博（2005）对鲫进行振动应激研究，发现振动应激后鲫血清中皮质醇水平明显高于正常组，Demers 等（1997）在虹鳟的振动胁迫研究中也得到了相同的结论。张宇雷等（2017）利用机械振动台模拟船载养殖工况，研究对比了不同频率条件下斑石鲷的血清和生化指标变化情况，结果表明低频振动对鱼类的影响主要是通过产生水流变化进而被侧线器官感受到，引起斑石鲷脑神经兴奋，产生应激。短时振动对斑石鲷不会造成较大影响，而长时间振动会引起斑石鲷一定程度的应激反应。

目前，关于大黄鱼对振动刺激的反应研究未见发表。本研究通过自制钢制水槽及作动器模拟养殖舱振动，利用传统敲罟作业捕捞大黄鱼的水下噪声主频率对大黄鱼进行振动刺激试验，以此研究大黄鱼对振动刺激的行为反应及生理生化指标的影响，为实现对养殖工船内水下噪声定量控制，提升大黄鱼的生长率、存活率以及品质提供数据参考和理论依据。

第二节　连续振动刺激试验设计

一、试验装置设计

大黄鱼振动刺激试验系统主要由试验水槽、作动器、摄像头、传感器和数据采集系统组成（图 7－1），其中试验水槽为 2 m×1.7 m×1.2 m

(长×宽×高) 的钢质 (Q 235B) 水槽；单个作动器尺寸为 120 mm×120 mm×85 mm，质量 5.6 kg，输出力大于 85 N，工作频率 30～1 000 Hz，安装在钢制水槽侧边靠近中央位置。作动器在不运行或者失效状态下不会对水槽壁面产生不利的振动影响。作动器可同时设置 6 个特征频率，信号输出类型可以设置带宽输出和单频正弦输出，因此可模拟船上会产生中低频机械噪声的主动力设备。

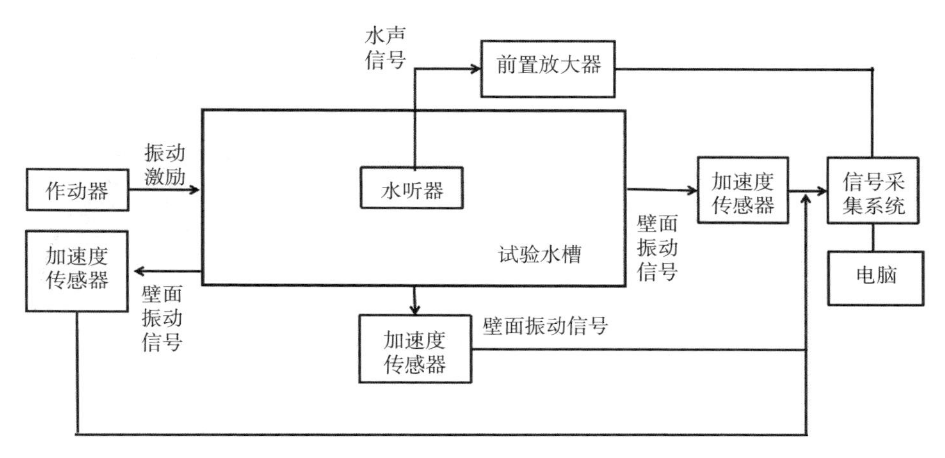

图 7-1 鱼群声敏感性试验系统示意图

二、振动刺激试验

试验用大黄鱼，250 g 试验组的平均体质量为 (268.09±58.94) g，500 g 试验组的平均体质量为 (448.88±79.86) g。试验前于室内水泥池中暂养 2 周，试验水槽表面光强度为 28 lx，所用海水经过砂滤处理，水温为 (20.0±0.5) ℃，盐度为 29.57±0.84，使用气泵进行连续充气。

每组试验开始前，从暂养水槽中随机选取 5 尾健康试验鱼进行振动刺激试验，并利用直流驱动器操作作动器，产生 125 Hz (150 dB)、200 Hz (150 dB) 的正弦波连续 1 h 振动刺激，同时通过水槽上方高清摄像头进行实时行为记录，试验结束后对试验鱼进行抽血用于生理生化指标测定。考虑到运输和安装，试验水槽空间有限，为了便于观察试验鱼的行为反应，需要留出充足的运动空间，因此在试验水槽中并未按照实际养殖工船养殖密度进行试验。

水下噪声使用水听器［灵敏度：－193 dB（re 1V/μPa），日本，频率带宽 20 Hz 至 20 kHz，日本 AQH］进行测量校准（图 7－2）。

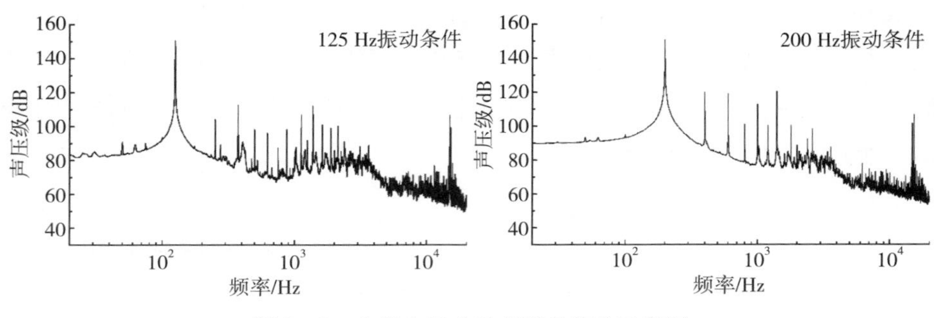

图 7－2　水槽内振动噪声测量校准示意图

三、数据分析

大黄鱼行为反应分析，参照张旭光等（2021）的方法，根据试验鱼的行为进行特征分类，并以不同字母定义，然后在记录时间内将代表这些行为特征的字母按时间顺序组合，构建大黄鱼的行为序列谱。

大黄鱼的生理生化指标，则是选取皮质醇、肾上腺素和甲状腺素作为应激反应的参考指标。对试验鱼取样时，从钢制水槽中取 5 尾大黄鱼个体，迅速用 MS－222 麻醉后进行尾静脉取血。血液样品放置在 4℃静置 6 h后进行离心（8 000 r/min，15 min），收集上层血清用于皮质醇、肾上腺素和甲状腺素的 ELISA 方法测定。测定所用试剂盒购于南京建成生物工程研究所，具体测定方法参照说明书进行。

最后用 SPSS 26.0 软件对数据进行统计，数据以平均值 ± 标准误（x ± SE）的形式表示，并对不同频率声刺激下各组样品生理指标数据进行单因素方差分析（one-way ANOVA），并对各组的差异数据做 LSD 多重比较，$P<0.05$ 表明差异显著。

第三节　结果与分析

一、大黄鱼振动刺激行为反应

试验鱼群在 125 Hz 和 200 Hz 振动条件下不同频率声刺激 1 h 后的

行为反应如图 7-3 所示，声刺激初期，试验鱼主要表现为四处乱窜、无规则运动、缓慢靠近后巡航离开、自由或环绕巡航。试验鱼在不同频率声刺激条件下会靠近振源而后巡航离开，待适应后，试验鱼大多数规则绕壁或自由巡航、缓慢靠近后巡航离开，或停滞不前，未出现明显惊扰反应现象。在声暴露条件下大黄鱼行为序列图谱如图 7-4 所示，试验鱼在 125 Hz 和 200 Hz 振动条件下无异常行为反应。具体分析如下（表 7-1）：

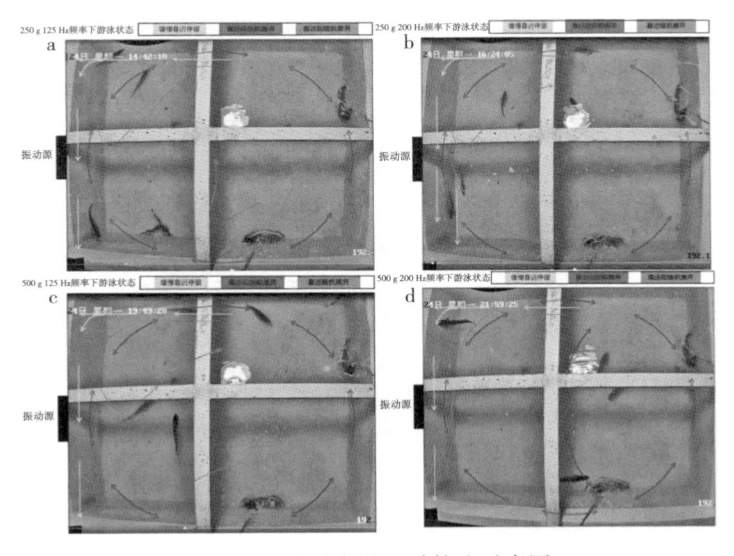

图 7-3 试验鱼的运动轨迹示意图

注：250 g 试验组（a. 125 Hz 振动刺激下游泳状态，b. 200 Hz 振动刺激下游泳状态），500 g 试验组（c. 125 Hz 振动刺激下游泳状态，d. 200 Hz 振动刺激下游泳状态）

250 g
125 Hz RM— —SC-CR— —CR— —SC-RM— —SR
200 Hz CR— —SC-RM— —SC-CR— —KG— —CR— —SR
对照组 RM— —CR— —SR

500 g
125 Hz SC-SR— —CR— —SC-RM— —SR
200 Hz SC-SR— —CR— —SC-RM— —CR— —RM— —SR
对照组 RM— —CR— —SR

图 7-4 大黄鱼在不同振动频率条件下的行为序列图谱

表 7-1 大黄鱼鱼群在声暴露条件下的行为反应

声暴露频率/Hz	刺激时间/min	行为反应	鱼群行为序列图谱代号
100	0～20	四处乱窜、无规则运动	RM
		缓慢靠近声源后惊吓逃逸	SC-DR
		自由或环绕巡航	CR
	20～60	自由或环绕巡航	CR
		滑翔游泳	KG
		停滞反应	SR
125	0～20	四处乱窜、无规则运动	RM
		缓慢靠近后惊吓逃逸	SC-DR
		自由或环绕巡航	CR
		偶尔突然加速	SU
	20～60	自由或环绕巡航	CR
		偶尔出现惊吓反应	DR
		滑翔游泳	KG
		停滞反应	SR
160	0～20	自由巡航	CR
		缓慢靠近声源后短暂停留	SC-SR
	20～60	自由或环绕巡航	CR
		缓慢靠近声源后巡航离开	SC-CR
		停滞反应	SR
200	0～20	四处乱窜、无规则运动	RM
	20～60	缓慢靠近声源后巡航离开	SC-CR
		自由巡航	CR
		停滞反应	SR
500	0～20	停滞反应	SR
		缓慢靠近声源后短暂停留	SC-SR
		缓慢靠近声源后巡航离开	SC-CR
		偶尔突然加速靠近声源停留	SU-SR
	20～60	缓慢靠近声源后停留	SC－SR
		缓慢靠近声源后巡航离开	SC-CR
630	0～20	四处乱窜、无规则运动	RM
		缓慢靠近声源后短暂停留	SC-SR
		滑翔游泳	KG
		缓慢靠近声源后巡航离开	SC-CR
	20～60	缓慢靠近声源后停留	SC-SR
		四处分散、无规则运动	RM
800	0～20	自由巡航	CR
		偶尔突然加速	SU
		缓慢靠近后加速离开	SC-SU
	20～60	缓慢靠近声源后停留	SC-SR
		四处分散、无规则运动	RM

（续）

声暴露频率/Hz	刺激时间/min	行为反应	鱼群行为序列图谱代号
对照组	0～60	无规则运动	RM
		自由巡航	CR
		滑翔游泳	KG
		偶尔突然加速	SU
		停滞反应	SR

注：无规则运动 RM（Random motion），缓慢靠近 SC（Slowly close），滑翔游泳 KG（Kicking-Gliding model），自由或环绕巡航反应 CR（Cruise response），惊吓反应 DR（Disturb response），突然加速 SU（Speed up），停滞反应 SR（Standstill response）。

二、大黄鱼振动刺激后生理生化反应

大黄鱼连续振动刺激 1 h 后生理生化指标变化结果为：250 g 试验组在振动频率为 125 Hz 条件下，血清中皮质醇的浓度上升了 16.65%，肾上腺素的浓度上升了 40.30%，甲状腺素的浓度上升了 26.82%；在振动频率为 200 Hz 条件下，血清中皮质醇的浓度上升了 26.90%，肾上腺素的浓度上升了 15.68%，甲状腺素的浓度上升了 41.07%。500 g 试验组在振动频率为 125 Hz 条件下，血清中皮质醇的浓度下降了 4.75%，肾上腺素的浓度下降了 9.07%，甲状腺素的浓度上升了 28.68%；在振动频率为 200 Hz 情况下，血清中皮质醇的浓度上升了 18.19%，肾上腺素的浓度上升了 18.41%，甲状腺素的浓度上升了 41.79%。具体分析如下：

1. 皮质醇

试验鱼皮质醇变化结果如图 7-5 所示，与对照组相比，1 h 不同振动刺激频率下，250 g 试验组大黄鱼血清中的皮质醇含量上升，其中振动频率为 200 Hz 时显著上升（$P<0.05$），500 g 试验组大黄鱼的皮质醇在 125 Hz振动刺激频率时出现下降，但在 200 Hz 振动刺激频率时皮质醇含量略有上升，与对照组并无显著性差异（$P>0.05$）。

2. 肾上腺素

试验鱼肾上腺素变化结果如图 7-6 所示，与对照组相比，1 h 不同振动刺激频率下，250 g 试验组大黄鱼的肾上腺素含量上升，但与对照组并无显著性差异（$P>0.05$）。500 g 试验组大黄鱼的肾上腺素在 125 Hz 振动刺激频率下出现下降，但在 200 Hz 振动刺激频率下上升，与对照组并

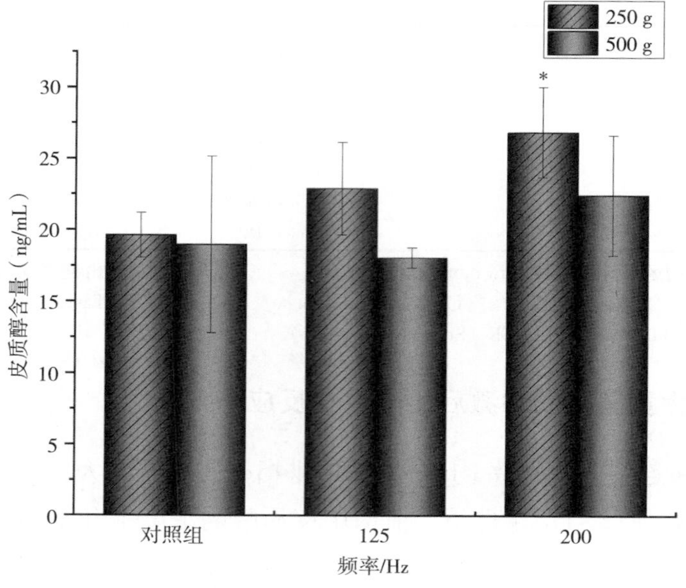

图 7-5　不同频率声刺激下大黄鱼的皮质醇含量变化

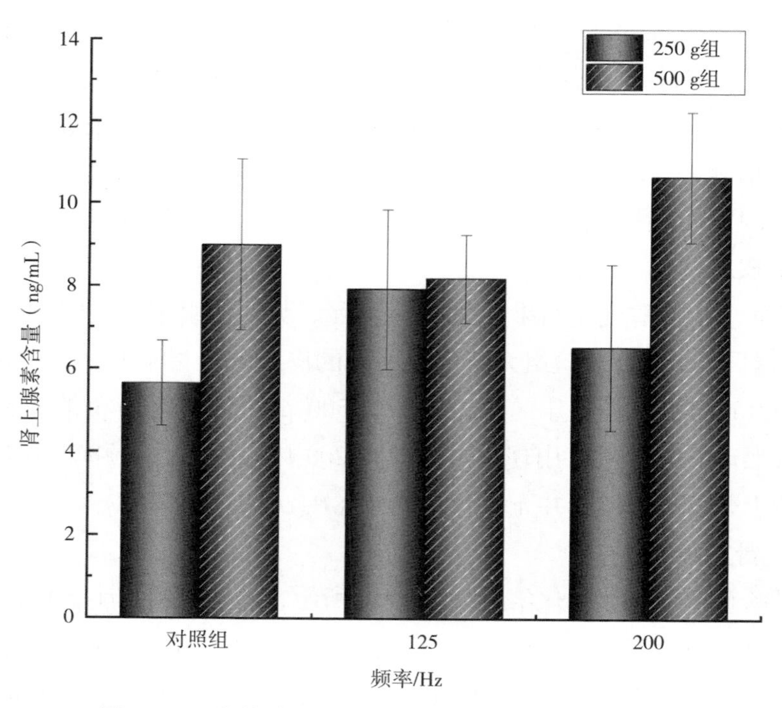

图 7-6　不同频率声刺激下大黄鱼的肾上腺素含量变化

无显著性差异（$P>0.05$）。

3. 甲状腺素

试验鱼甲状腺素变化结果如图 7－7 所示，与对照组相比，1 h 不同振动刺激频率下，250 g 试验组大黄鱼的甲状腺素含量上升，但与对照组并无显著性差异。500 g 试验组大黄鱼的甲状腺素含量上升，且振动刺激频率为 125 Hz、200 Hz 条件下大黄鱼的甲状腺素含量显著高于对照组（$P<0.05$）。

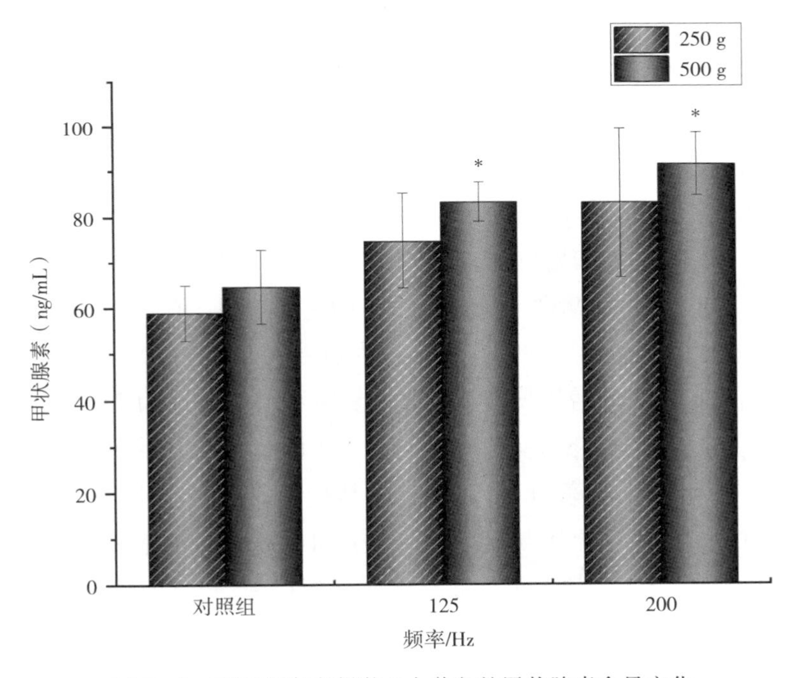

图 7－7 不同频率声刺激下大黄鱼的甲状腺素含量变化

第四节 讨 论

一、低频振动对大黄鱼行为的影响

Banner（1967）首次使用标准地震探测器测量了声学粒子振动，并证实了柠檬鲨可感知声粒子位移。而后，Lu 等（1996）使用自制振动系统从－90°～90°方向对鱼类粒子振动行为感知阈值进行了测量，并提出粒子振动在鱼类听觉测量中更精准。而在本研究振动刺激的行为试验中，大黄鱼未出现明显的应激行为反应（即敲罟作业描述的行为现象），这主要是由于单一的作动器无法模拟上百艘渔船敲罟作业的方式，水下噪声无法达到震晕大黄鱼的量级。本试验使用的是 250 g 和 500 g 的成鱼大黄鱼，其鳔已发育完全，因此对声压表现得更加敏感，对振动刺激的敏感性较弱。另一方面原因可能是试验用水槽尺寸规格较小，大黄鱼虽然能清晰感受到振动现象，但由于行动范围受限而无法对其做出相应的趋避行为。

二、低频振动对大黄鱼血液指标的影响

鱼的应激由下丘脑—垂体—髓质（HPI 轴）控制。鱼的应激主要表现为生理参数的波动，导致鱼体内外稳态的变化。皮质醇、肾上腺素、甲状腺素和其他指标被广泛地用作鱼类应激指标，以评估鱼类所面临的各种环境胁迫和运输压力。

从振动刺激试验结果可知，250 g 试验组，在 125 Hz 频率条件下肾上腺素变化（增长约 40.93%）最为显著（$P<0.05$），在 200 Hz 频率条件下甲状腺素（增长约 41.08%）变化最为显著（$P<0.05$），除了肾上腺素以外，其他血液指标增长均高于 125 Hz 频率组，故认为 250 g 大黄鱼对 200 Hz更为敏感。500 g 试验组，在 125 Hz 频率条件下甲状腺素（增长约 28.68%）变化最为显著（$P<0.05$），其他血液指标均出现了下降；在 200 Hz 频率条件下也是甲状腺素（增长约 41.79%）变化最为显著（$P<0.05$）且高于 125 Hz 频率组，而其他血液指标在 200 Hz 频率组则不同程度地出现增长的情况，故认为 500 g 大黄鱼对 200 Hz 更为敏感。

综合分析认为，试验水槽的振动导致水体流场不断发生各种不规则变化，这些变化通过侧线器官被大黄鱼感受到并产生应激反应，该现象与鱼类在运输胁迫下的响应相吻合。

三、低频振动应激对鱼类肌肉品质的影响

肌肉是动物体内最基本的物质，也是最大的能量和氨基酸储备组织。当鱼类受到胁迫因素的影响而发生应激时，其对应激的响应是通过调节体内一些与之有关的物质的代谢来影响其正常的生理状况，从而导致鱼体出现“亚健康”“疲倦”等现象，进而影响其肉质。从本次振动刺激试验结

果可知，除振动频率为 125 Hz 的 500 g 试验组以外，其他试验组肾上腺素、皮质醇和甲状腺素含量均出现了不同程度的增长。处于应激反应状态时，机体肾上腺分泌肾上腺激素，面对慢性而持续的刺激，肾上腺也会分泌皮质醇，又称为糖皮质激素，能够快速升高血糖。急性应激下，鱼体内与葡萄糖代谢相关的酶类活性显著升高，而肌肉中糖原含量显著降低，血液中葡萄糖浓度升高。试验结果表明振动刺激提高了鱼的生命活动，导致鱼体内无氧糖酵解、脂质过氧化和其他反应的增加。这时，身体调动与能量代谢相关的物理化学反应来适应压力，导致代谢物大量堆积，从而导致肌肉质量下降。

本研究通过自制钢制水槽及作动器模拟养殖工船结构声能量的传递，并利用传统敲罟作业捕捞大黄鱼过程中的噪声主频率对大黄鱼进行振动刺激试验。

在振动刺激条件下，250 g 和 500 g 组的试验鱼在 120 Hz 和 200 Hz 条件下生理生化指标均变化显著，从一定程度上解释了渔船敲罟作业的工作原理。

从应激反应生理生化指标变化结果可知，250 g 组和 500 g 组大黄鱼均对 200 Hz 更为敏感，养殖工船的声学控制过程中须特别注意此频率下的控制效果。本研究仅设置了 125 Hz、200 Hz 频率的试验，今后将从不同鱼体规格、不同振动刺激频率、不同养殖密度进行试验，为实现对养殖工船内水下噪声定量控制，提升大黄鱼的生长率、存活率以及品质提供数据参考和理论依据。

第八章

基于超声波标志法的浅海围栏养殖大黄鱼行为研究

第一节　引　　言

浅海大型围栏式大黄鱼养殖是一种新兴的养殖方式，由于该养殖设施抗风浪能力较强，养殖区域一般都在外侧海区，水位深、流速大、水体交换好、污染少、饵料来源广泛、养殖面积大、鱼类活动空间广，所以养殖的大黄鱼体型、体色、肉质佳，商品鱼品质明显优于传统围栏养殖，更接近野生。

超声波标志遥测跟踪技术始于20世纪50年代，目前主要用于研究鱼类的行为活动，包括鱼类的洄游、繁殖、栖息地选择、季节运动规律以及鱼类与围栏之间的关系等。1969年Yuen等首次将超声波发信器植入鲣腹腔内进行跟踪研究。1972年Watkins首次提出通过检测鱼体携带的超声波发生器发射的超声波到达4信道接收机阵列各个水听器的时间差进行三维测位。而后，Hawkins等（2015）使用多个全方位水听器阵列进行了时间差测位研究。

目前关于浅海大型围栏下大黄鱼行为研究未见报道，本次试验基于超声波标志跟踪技术研究了浅海大型围栏养殖下大黄鱼的行为特性，通过对大黄鱼运动深度及位置测量，计算出大黄鱼的游泳距离变化，为浅海大型围栏养殖大黄鱼的管理及围栏的设计优化提供科学的理论依据。

第二节　材料与方法

一、大型围栏设施及试验鱼选取

本试验于2017年8月22日，在浙江省台州市上大陈岛附近海域的浅海大型围栏设施进行，围栏长宽深约80 m×60 m×12 m（图8-1）。试验鱼共6尾，分别采用体内腹腔植入（3尾）和体外背部悬挂（3尾）超声波标记，进行24 h昼夜跟踪。为了研究大黄鱼在围栏内的昼夜运动规律，本次试验结果分为两个时间段分析：傍晚到次日清晨（18：00至次日6：00）和清晨至傍晚（6：00至18：00）。

2017年8月22日，随机选取3尾健康活泼试验鱼进行超声波标记的

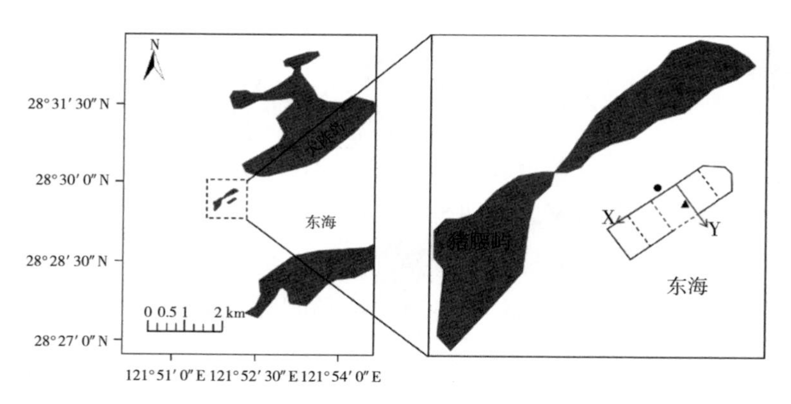

图 8－1　浅海围栏试验场

注：横轴为生产平台及超声波标记系统坐标设置，▲为投饵点

体内植入手术。试验鱼的平均体长为（31.90±1.16）cm，平均体质量为（466.70±10.43）g。手术前在水桶内加入 MS-222 麻醉剂对试验鱼进行麻醉，麻醉过程中使用增氧泵充氧，在鱼体麻醉后进行微创手术，将超声波标记植入试验鱼腹腔。在超声波标记固定好后，将试验鱼放入暂养水槽中充氧复苏，待其恢复正常游泳能力后放入试验围栏中，进行鱼类行为跟踪试验。

2017 年 8 月 26 日，随机选取 3 尾健康活泼试验鱼，通过微创手术将超声波标记悬挂在试验鱼的第一背鳍基部。试验鱼的平均体长为（31.70±2.41）cm，平均体质量为（467.70±12.01）g。在超声波标记固定好后，将试验鱼放入暂养水槽中充氧复苏，待其恢复正常游泳能力后放入试验围栏中，进行鱼类行为跟踪试验。

二、超声波标记跟踪系统

本试验采用有线式 4 信道超声波标记跟踪系统（FRX-4002 型，FUSION，日本）对试验鱼进行跟踪。超声波标记使用同一公司的 FPX-1030 型自带深度压力传感器小型标记，发射频率为 60 kHz，外观尺寸长约 36 mm，直径为 9.5 mm（图 8－2），发射声压级为 155 dB。水槽试验设置的脉冲发射间隔为 1 s，浅海大型围栏试验设置的脉冲发射间隔为 5 s。

标记跟踪接收单元包括由 4 个水听器组成的阵列和接收机（图 8－3），水听器通过数据线与接收机连接，接收机通过电脑可实时接收来自 4 个水

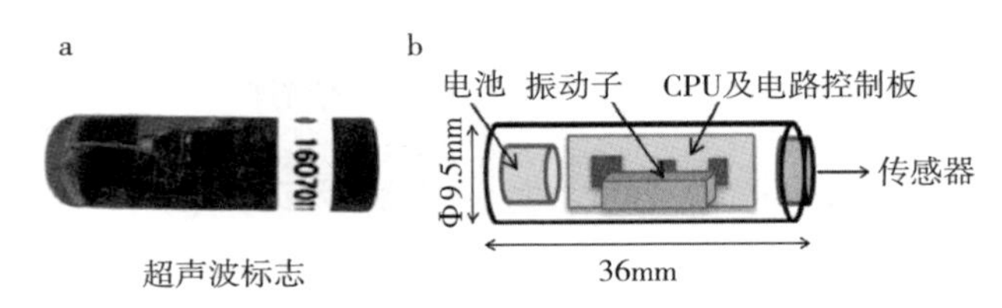

图 8-2 FPX-1030 型 60 kHz 超声波标记

听器的数据。4 个水听器分别设置在围栏四角的水下 2 m 处，组成矩形阵列，阵列长为 75.50 m（Y 轴），宽为 48.65 m（X 轴）。

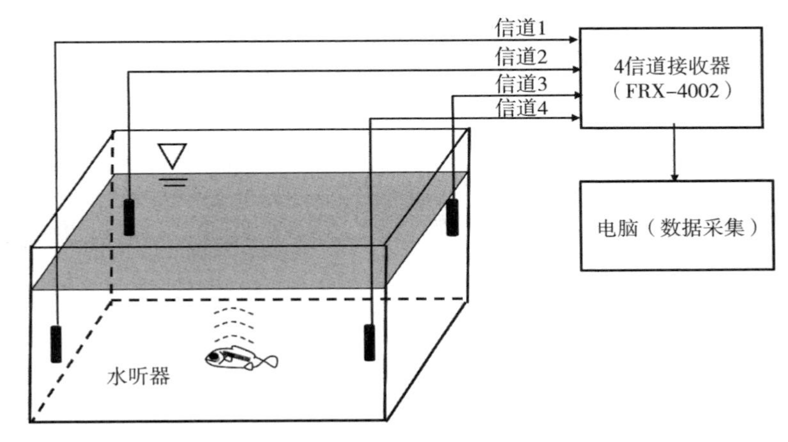

图 8-3 FRX-4002 型有线式（4 信道）

三、数据分析

试验鱼的深度信息由标记自带压力（深度）传感器测得，并通过双脉冲方式发射给接收系统。深度（d）的模型计算公式：

$$d = a\ (t - b) \quad \text{（式 8-1）}$$

式中，a、b 为压力传感器的深度模型拟合系数，由厂家实际进行的压力测定结果给出，t 为数据文件中实测双脉冲之间的时间间隔。

使用 Origin 9.0 将所有试验鱼垂直运动数据以箱形图形式绘制，并统计分析试验鱼主要运动深度。

水平位置根据长基线测位法（long baseline，LBL）结合最小二乘法计算测得，利用同一时刻超声波标记发射的声波脉冲信号到达 4 个水听器的时间差来计算。

第三节 结果与分析

一、不同标记固定方法对大黄鱼垂直运动的影响

经过 24 h 围栏内大黄鱼行为跟踪试验，获取到不同标记固定方法的大黄鱼垂直运动数据。两种标记方法的大黄鱼放入围栏以后，刚开始都有反复且大幅度的上浮、下潜行为。具体分析如下：

体内植入法（图 8-4）跟踪的试验鱼，在释放后 3 h 左右逐渐趋于稳

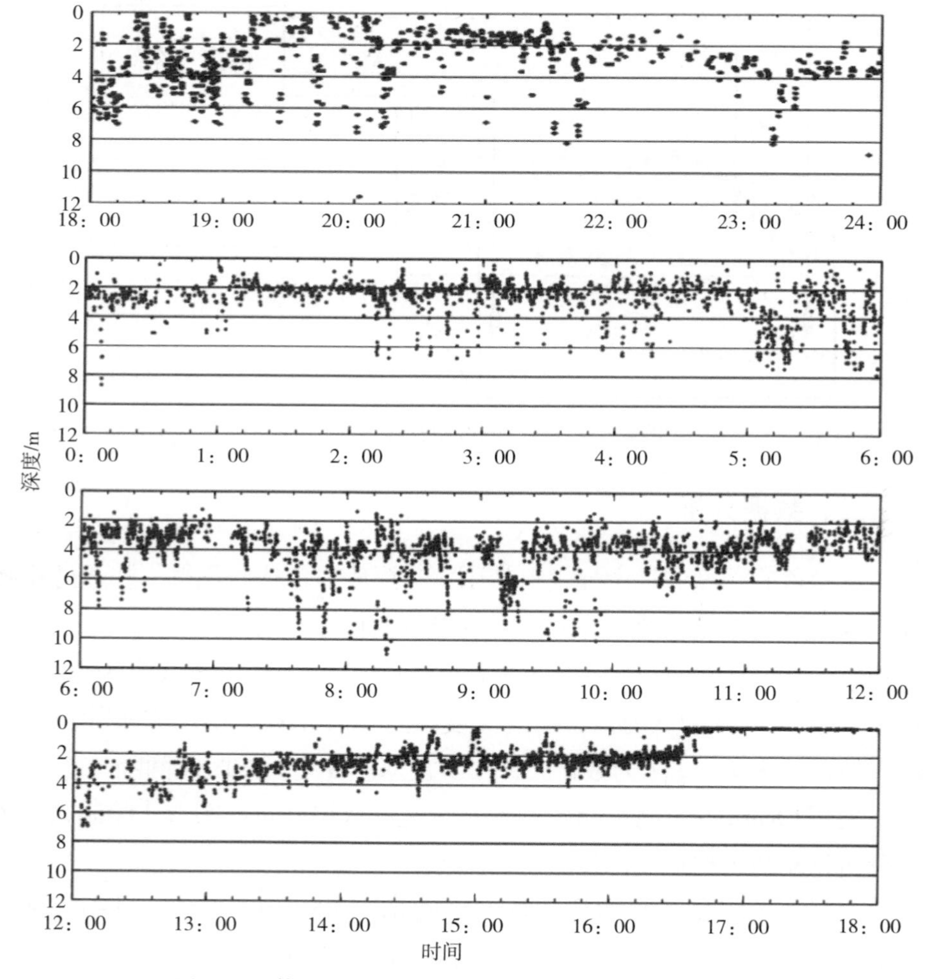

图 8-4 体内植入组试验鱼 24 h 垂直运动轨迹示意图

定，下潜幅度及频率逐渐降低，且长时间稳定在水下 4～6 m 深度；次日 4：00 以后再次出现大幅度上下浮动运动，直至次日 10：00 以后再次趋于稳定，且主要集中在水下 2～4 m 处运动。

背鳍悬挂法（图 8－5）跟踪的试验鱼，在释放后 1 h 左右趋于稳定，相对体内植入鱼趋于稳定的时间较短（$P<0.05$），且较长时间内稳定于水下 6～8 m 深度；至 23：00 左右出现明显的上下浮动运动，直至次日 9：30，主要处于水下 2～6 m 深度；从次日 9：30 至 18：00，试验鱼活动于 4～10 m 深度，且集中于 6～8 m 做大幅度上下浮动运动，上下浮动

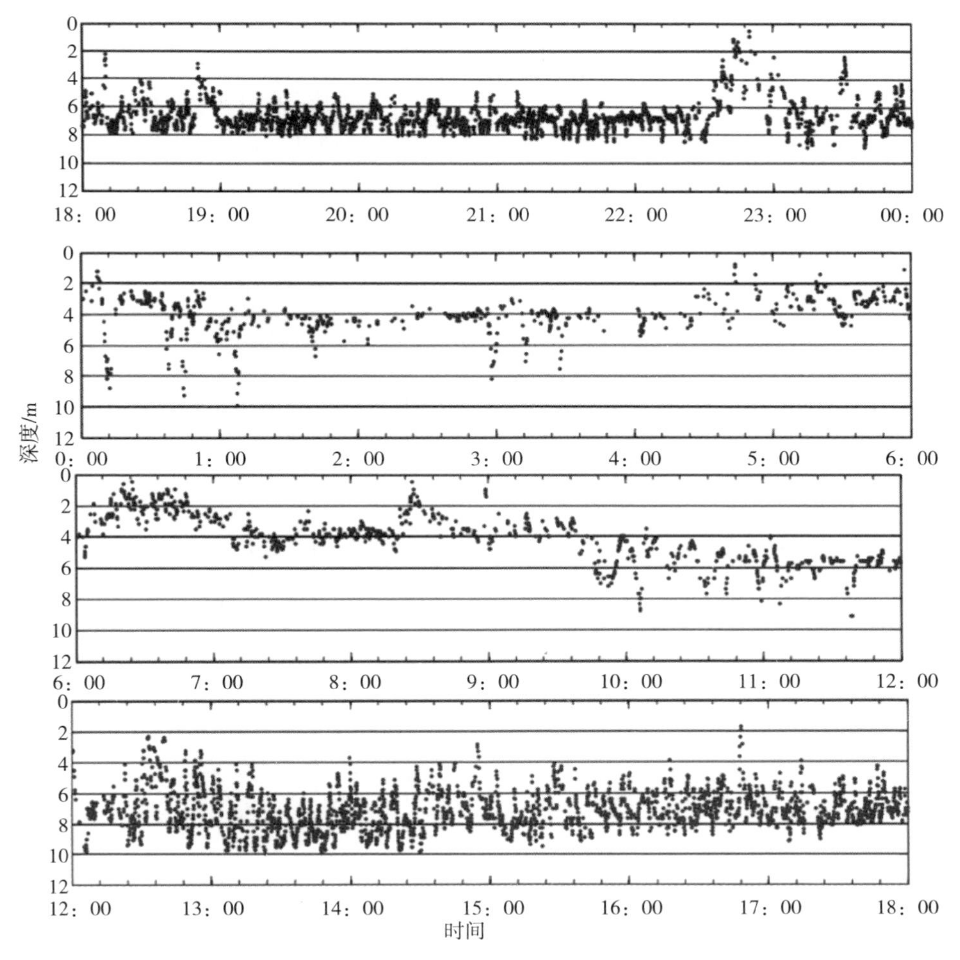

图 8－5　背鳍悬挂组试验鱼 24 h 垂直运动轨迹示意图

频率比体内植入鱼高（$P<0.05$）。

二、围栏内大黄鱼昼夜垂直运动行为

本次试验傍晚到次日清晨（18：00 至次日 6：00），大黄鱼垂直运动结果如图 8-6 所示。采用体内植入的 1、2、3 组试验鱼垂直运动主要范围依次为：2.0～3.8 m，平均深度（3.10±1.89）m；2.0～3.6 m，平均深度（3.13±1.92）m；4.2～6.8 m，平均深度（5.49±2.19）m。其中，最小深度为 0.02 m（浮于水面），最大深度为 11.98 m（沉底），总体活跃深度在 2.0～6.8 m。采用背鳍悬挂的 4、5、6 组试验鱼垂直运动主要范围依次为：3.8～8.0 m，平均深度（5.76±2.65）m；2.3～4.6 m，平均深度（3.49±1.74）m；5.2～7.2 m，平均深度（5.74±2.31）m。其中，最小深度为 0.01 m（浮于水面），最大深度为 11.99 m（沉底），总体活跃深度在 2.5～8.0 m。

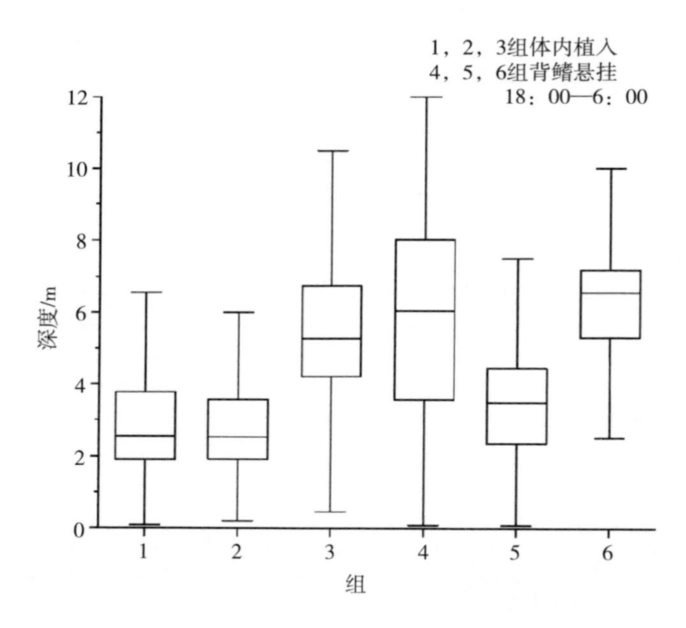

图 8-6　大黄鱼 18：00 至次日 6：00 垂直运动深度

本次试验清晨至傍晚（6：00～18：00），大黄鱼的垂直运动结果如图 8-7 所示。1、2、3 组体内植入鱼垂直运动主要范围依次为：5.3～

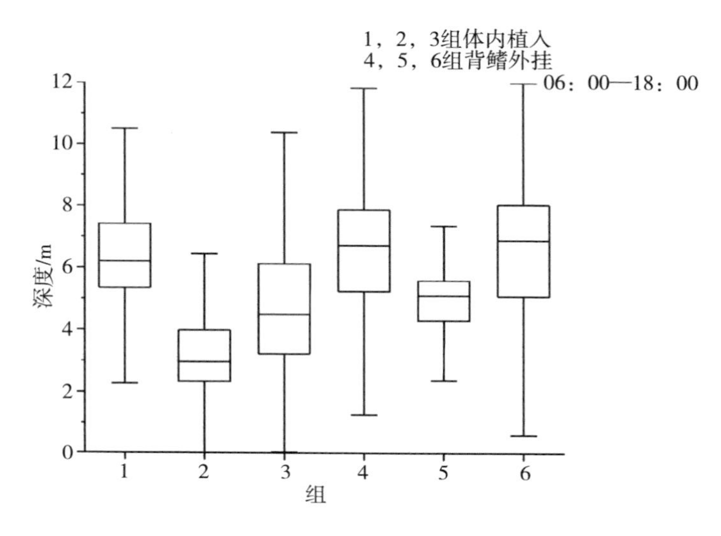

图 8-7　大黄鱼 6：00—18：00 垂直运动深度

7.5 m，平均深度（6.31±1.80）m；2.2～4.0 m，平均深度（3.25±1.66）m；3.0～6.0 m，平均深度（4.79±2.06）m。其中，最小深度为 0.01 m（浮于水面），最大深度为 11.75 m（沉底），总体活跃深度在 2.2～7.5 m。4、5、6 背鳍悬挂鱼垂直运动主要范围依次为：5.2～7.9 m，平均深度（6.39±2.12）m；4.2～5.6 m，平均深度（4.83±1.28）m；5.0～8.0 m，平均深度（6.38±2.26）m。其中，最小深度为 0.30 m（浮于水面），最大深度为 11.99 m（沉底），总体活跃深度在 4.2～8.0 m。

三、大黄鱼在围栏内的水平分布

水平位置通过计算机处理以后，获取跟踪期间的位置数据，图中散点的密集程度反映标记大黄鱼的出现密度，越密集的位置表示大黄鱼出现的频率越高。具体试验结果如图 8-8 所示，从水平位置散点分布可以看出，试验鱼在围栏外侧出现的频率远大于内侧（$P<0.01$），长时间沿外侧往返游动；试验鱼在靠近工作平台附近出现的概率最小，在投饵区的活动较为频繁（$P<0.01$）。

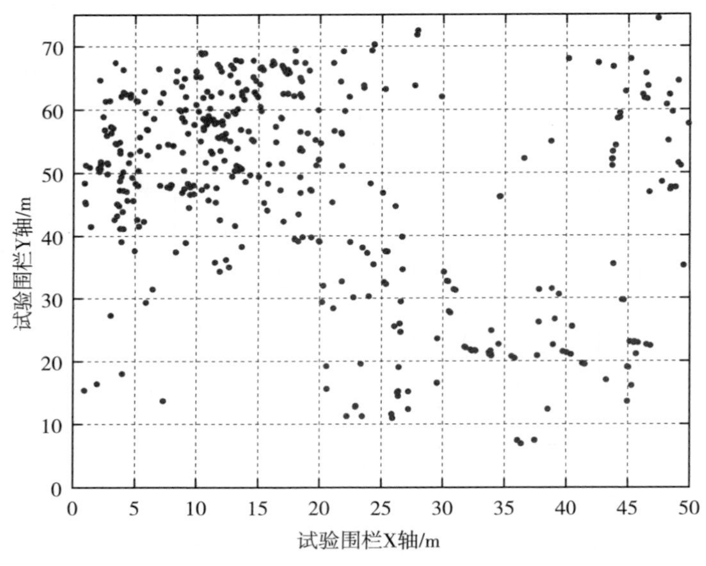

图 8-8　围栏内大黄鱼水平分布示意图

第四节　讨　　论

一、标记的固定方法对大黄鱼垂直运动的影响

传统信标植入方法包括体内植入、胃部植入和体外悬挂 3 种方法，根据植入对象的不同，信标标记的方法存在一定的差异性。由于大黄鱼体形及个体大小的限制，本次试验采用了体内植入法和背鳍悬挂法进行超声波标记的鱼体固定，由试验结果可知，体内植入法的试验鱼进入稳定状态所需时间比背鳍悬挂法多 2 h 左右，其原因可能是体内植入需要对试验鱼进行腹腔解剖及缝合手术，较背鳍悬挂法的微创手术而言，试验鱼体力消耗大，因此需要更长的时间恢复体力，以恢复正常运动状态。Makiguchi 等在比较体内植入法和背鳍悬挂法对马苏大麻哈鱼幼鱼游泳能力影响时指出，试验鱼经过体内植入手术后需要经过 2 h 的暂养复苏后才能进行试验，本试验结果也印证了这一观点。由本试验大黄鱼 24 h 垂直运动跟踪结果可知，体内植入试验组主要运动深度在 2.0～6.8 m，背鳍悬挂试验组主要运动深度在 2.5～8.0 m。总体上，两种固定方式大黄鱼的运动深度范围基本相同，但其上下浮动频率却有较大差异。背鳍悬挂法相对体内

植入法而言，在次日 12：00—18：00 上下浮动频率较高（$P<0.05$）。综上认为，两种固定方式并未影响大黄鱼的垂直运动能力，但对大黄鱼上下浮动稳定性影响较大。因此，在进行超声波遥测的试验中，需要根据目标对象选择适合的标记方式，以期将标记造成的负面效果降到最低。在未来的工作中，笔者还需要在循环水槽中进一步开展关于两种固定方式对大黄鱼临界游泳速度、疲劳度影响等方面的研究。

二、围栏内大黄鱼昼夜垂直运动行为

由本次试验结果可知，大型浅海围栏养殖大黄鱼主要游泳在水下 4～10 m 深度，且最为集中于 6 m 附近的水层。总体上，大黄鱼有在黄昏和黎明上浮的现象，与其生物学习性吻合。同时，大黄鱼的垂直运动也与当时的潮汐曲线相匹配，图 8－9 为背鳍悬挂法释放试验鱼时上大陈岛的潮汐曲线（2017 年 8 月 26—27 日），结合潮汐表发现，其周期性下潜的深度变化与潮汐表基本一致（潮差约 3.5 m，试验鱼下潜深度差约 3.8 m）。

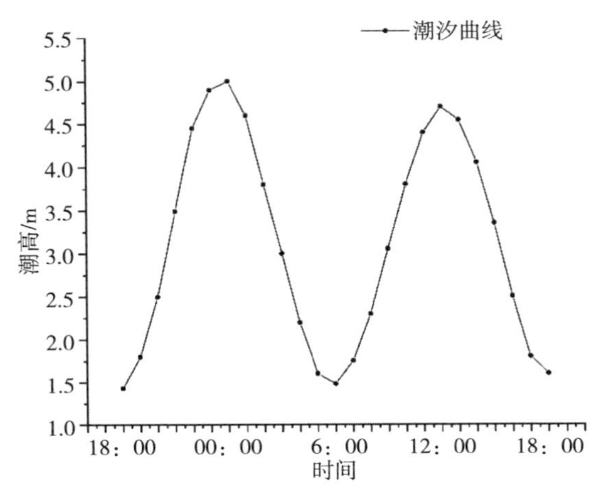

图 8－9　2017 年 8 月 26—27 日上大陈岛潮汐曲线

三、围栏内大黄鱼水平运动行为

大型浅海围栏设计的目的是给大黄鱼提供足够大的运动场所。但从本次试验结果可知，大黄鱼水平运动多集中于围栏的外侧（远离人工养殖操作平台）和投饵区，并没有在整个围栏内进行高频率大范围的水平运动。

分析其原因，一方面是由大黄鱼的听觉特性所决定的，大黄鱼的听觉敏感频率在 300～800 Hz，对低频噪声敏感，在受到水下强噪声影响时大黄鱼往往会出现负趋性反应。刘贞文等（2014）运用声刺激行为方法研究指出，13 月龄鱼对声波的敏感频率为 600 Hz，1 月龄和 8 月龄鱼为 800 Hz，随着声压级的逐渐增加，大黄鱼会出现惊吓逃逸反应，并伴随出现跳出水面甚至死亡等现象。施慧雄等（2010）研究了实验室条件下模拟船舶噪声对大黄鱼血液中皮质醇分泌量的影响，结果表明，经过船舶噪声刺激后大黄鱼血液中皮质醇含量出现明显上升，说明大黄鱼出现了应激反应，危害鱼体健康。在本次试验中，围栏内主要噪声源包括人工操作平台的生产设备噪声（25 Hz 至 1 kHz）和海上船舶噪声（500 Hz）。这些低频噪声均可能使得大黄鱼出现负趋性反应，导致大黄鱼离开噪声区域。另一方面，在投饵时的饵料分布也是大黄鱼集中于投饵区的主要原因。

本次试验首次在大型浅海围栏内使用两种超声波标志固定法对大黄鱼进行了 24 h 跟踪，对大型围栏内大黄鱼的运动行为有了初步了解，可为今后浅海围栏养殖大黄鱼的操作平台选址、养殖管理以及大型围栏的设计优化提供科学的理论依据和数据支持。

第九章

运用超声波标志法分析水槽养殖大黄鱼行为特性

第一节 引　　言

大黄鱼的主要养殖方式为传统普通网箱养殖、大型深水抗风浪网箱养殖、工程化围栏放养。目前关于大黄鱼行为学监控技术主要包括被动声学技术、多波束声学探测技术及计算机视觉技术等，而使用超声波标志技术研究大黄鱼水槽内空间运动的行为（运动轨迹、速度）特征未见报道。

超声波标记技术是目前广泛用于研究水下生物行为学的电子标记遥测技术，20 世纪 50 年代中期，国外生态研究工作者使用该方法研究自然环境中水下生物的个体行为和分布情况。目前，我国关于超声波标记的研究较少，应用范围也相对有限。危起伟等使用超声波遥测技术研究长江中华鲟在葛洲坝下江段的位置分布，以实现对中华鲟鱼类资源的保护。王志超则研究紫红笛鲷和黑鲷在湾口海域的分布，从而实现对增殖放流和海洋牧场建设效果方面的评估。随着工业化循环水养殖的发展，养殖小水体环境下的鱼类行为学研究受到大家的关注，郭禹在实验室条件下使用小型声学标记研究了花尾胡椒鲷昼夜活动轨迹和行为规律分布，为小型超声波标志应用于鱼体跟踪研究奠定了基础。本试验基于超声波标志跟踪法研究了水槽养殖大黄鱼的行为特性，通过对大黄鱼运动深度及位置跟踪测量，计算出大黄鱼的游泳距离变化，其研究结果可为今后浅海围栏放养大黄鱼的行为监控和养殖管理提供理论依据和数据支持。

第二节 材料与方法

本试验于 2018 年 8 月 27—28 日在福建宁德某大黄鱼养殖基地进行，养殖水槽长×宽×深约 8. 7 m×8. 2 m×1. 9 m。随机选取 4 尾生长状态良好、体表无损伤、体长为（30. 50 ± 1. 25）cm，体质量为（460. 50 ± 15. 56）g 的大黄鱼作为试验鱼。参照 Moore 等的方法，手术前在水桶内加入丁香酚麻醉剂对试验鱼进行麻醉，使用手术刀在试验鱼腹部泄殖孔前端 1～2 cm 处切开一个长约 2 cm 的切口，将消毒后的超声波发生器从切口中植入，而后使用皮肤缝合器对试验鱼伤口进行缝合消毒，最后放入水槽，进行 24 h 昼夜跟踪。为了研究大黄鱼在养殖水槽的昼夜运动规律，将试验结果分为 18：00—24：00、次日 0：00—6：00、次日 6：00—12：00以及次日 12：00—18：00 几个时间段进行分析。

为进一步分析试验鱼在水槽中的运动规律，将水槽按垂直和水平区域进行划分。其中，定义水下深度 1.2～1.8 m 为底层，0.6～1.2 m 为中水层，0.0～0.6 m 为表层；同时，试验鱼出现绕壁运动的位置定义为B区，非绕壁运动位置定义为 A 区（以 4 个接收机水下位置作为参考点）（图 9－1）。超声波标记跟踪系统与数据分析同第八章。

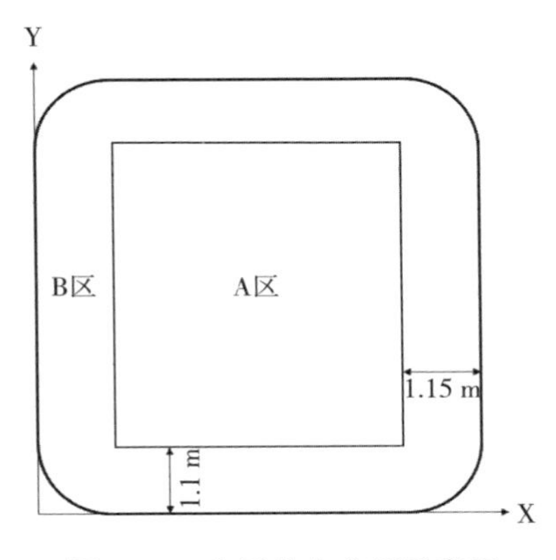

图 9－1 水平分布分区示意图

第三节 结果与分析

一、试验鱼的垂直运动行为

经过养殖水槽大黄鱼的 24 h 行为跟踪试验，获取大黄鱼垂直运动数据。通过外科手术植入信标标记的大黄鱼放入养殖水槽以后，均表现出反复且较大幅度的上浮、下潜行为。

跟踪的试验鱼在植入标记后 2 h 左右逐渐趋于稳定，但是活动较少，下潜幅度及频率逐渐降低，且长时间稳定在水下 0.50～1.25 m；次日 6：00以后再次出现大幅度的上下浮动运动。随后，试验鱼活动趋于分散，活跃于不同的水层，无明显的规律（图 9－2）。

本次 24 h 跟踪试验期间，大黄鱼的垂直运动结果如图 9－3 所示。4

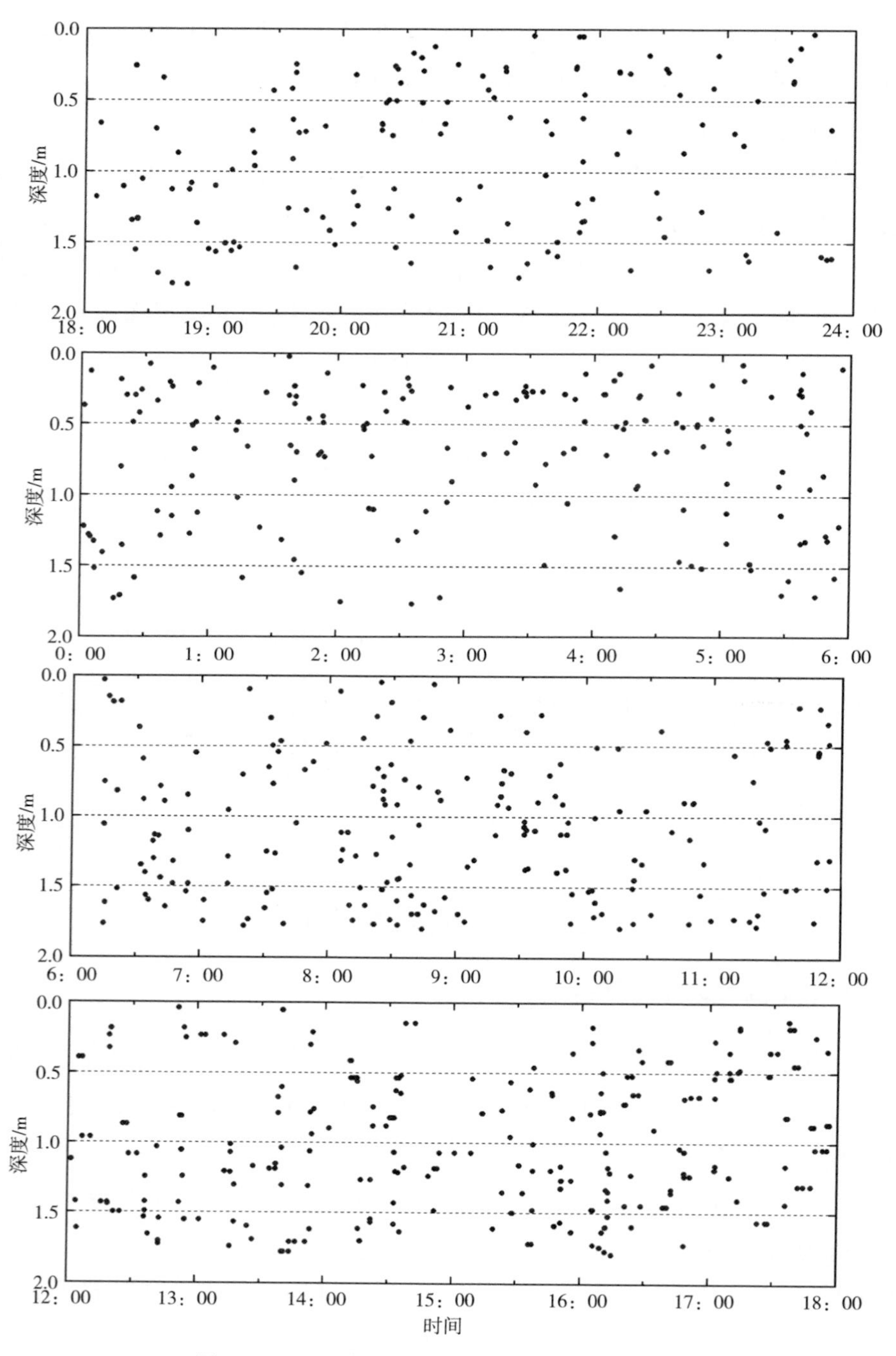

图 9-2　1 尾试验鱼 24 h 垂直运动轨迹示意图

尾试验鱼在不同时间段的平均运动深度依次为（0.89±0.51）m、（0.73±0.50）m、（1.04±0.50）m和（1.00±0.45）m，总体活跃深度为0.50～1.25 m。针对4尾试验鱼分布频率进行数据统计，18：00—24：00，试验鱼在各个水层均有活动，平均运动深度为（0.89±0.51）m，此时最小深度为0.03 m（浮于水面），最大深度为1.79 m（沉底）；次日0：00—6：00，试验鱼主要在表层游动，出现频率约49%，平均深度为（0.73±0.50）m，最小深度为0.02 m（浮于水面），最大深度为1.76 m（沉底）；6：00—12：00，试验鱼主要在底层游动，出现频率约43%，平均深度为（1.04±0.50）m，最小深度为0.03 m（浮于水面），最大深度为1.79 m（沉底）；12：00—18：00，试验鱼集中在中水层游动，出现频率为42%，平均深度为（1.00±0.45）m，最小深度为0.04 m（浮于水面），最大深度为1.79 m（沉底）。从24 h的垂直分布分析来看，水槽养殖大黄鱼的活动范围较广，但是总体趋向于在中水层活动。

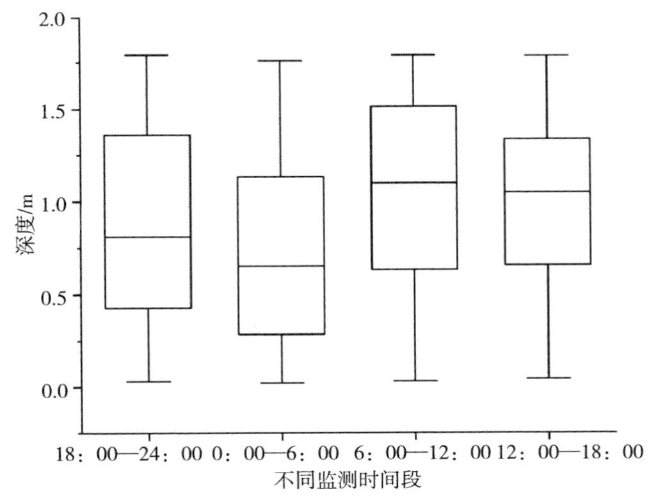

图9-3　4尾大黄鱼24 h垂直运动平均深度结果

二、试验鱼的水平运动行为

试验鱼水平位置数据通过计算机处理后，统计分析跟踪期间的位置数据，图中散点的密集程度反映被标记试验鱼的出现密度，越密集的位置表示试验鱼出现的频率越高。

从水平位置散点分布可以看出（图 9－4），试验鱼在水槽中长时间无规则游动，偶尔出现绕壁运动。针对试验鱼在划定区域内的出现频率进行统计分析，结果表明在 24 h 的监测过程中，试验鱼出现在 A 区的位置次数为（489.0±12.5）次，约 73%；出现在 B 区的位置次数为（159.0±9.5）次，约 27%，试验鱼在 A 区出现频率极显著大于 B 区（$P<0.01$），说明试验鱼主要集中于水槽内部进行无规则运动，偶尔出现绕壁运动。

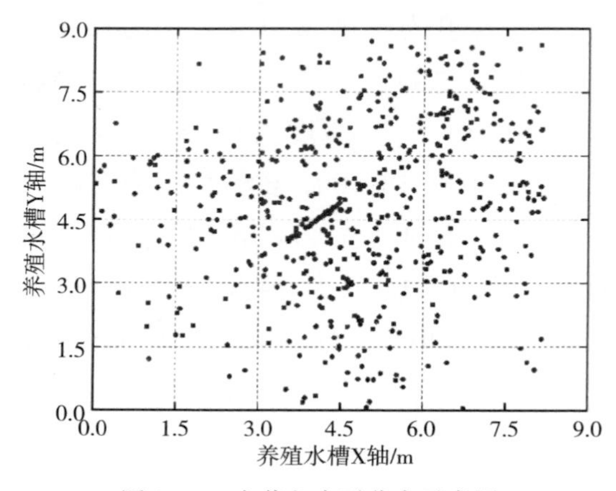

图 9－4　大黄鱼水平分布示意图

第四节　讨　　论

一、超声波标记植入手术对鱼类行为的影响

由本次试验结果可知，试验水槽养殖大黄鱼主要栖息在 1 m 深度附近的水层，从 24 h 的分布情况分析，试验鱼在手术植入放入养殖水槽后，没有明显的游动行为，多栖息在 0.50～1.25 m 的水层，从水平位置分布分析，标记后的试验鱼主要沿养殖水槽环壁巡游，分布点位置较少，游泳速度较低。在标记后的 2 h，行为逐渐恢复，从垂直方向上进行随机移动，水平方向上逐渐向水槽中心巡游。俞立雄等试验证明，草鱼在超声波标记后的 2 h 内，临界游泳速度极显著降低（$P<0.01$）。因此，超声波标记的试验鱼在试验过程中应考虑暂养一段时间，使其恢复到正常临界游泳速度状态的行为水平后再进行释放。

二、鱼类行为研究方法的比较

养殖水体环境因子的改变会导致鱼类的行为变化，通过对鱼类的行为进行监测能够发现鱼类的异常行为，从而进行及时补救，降低经济损失。传统上，鱼类行为学研究的方法为现场观察法、渔获试验法、水槽试验法和数学模拟法。但是这些研究方法往往受限于环境因素如季节、水体浑浊度等，并且由于观察者的差异性，观察结果带有一定的主观性。随着科学技术的发展，目前鱼类行为学主要研究方法包括被动声学技术、计算机视觉技术以及超声波标记技术等，其优缺点比较见表 9-1。

表 9-1 几种鱼类行为学研究方法比较

鱼类行为监控方法	原理	优点	缺点
计算机视觉技术	图像主成分分析法	效果直观	易受水体浑浊度、辉度、对比度等影响
被动声学技术	利用生物噪声（鱼类发声、摄食噪声和游泳噪声等）	适用于复杂水体，可判断鱼类特定行为状态	易受环境噪声影响
超声波标记技术	LBL、SBL、SSBL 目标信号接收时间差、相位差等	适用于各种复杂水体、各种体型鱼类	易受信标植入微创手术影响（熟练度、缝合方法等）

三、超声波标记法在渔业中的应用

目前，超声波标记已运用于软骨鱼、硬骨鱼等水生生物的研究，相比国外开展的研究，我国相关研究起步较晚。郭禹等通过超声波标记，在实验室水池条件下研究了花尾胡椒鲷昼夜活动轨迹，其研究结果可为花尾胡椒鲷的增殖放流提供技术支撑。而在大型深海网箱中，也可应用超声波标记来实现对鱼群行为的监控从而实现精准投喂。同时，在海洋牧场的人工鱼礁投放中，利用超声波标记可以监测鱼群在鱼礁处的聚集效果从而对海洋牧场功能进行评价。此外，在捕捞网具的改良方面，Miyamoto 等还运用超声波标记研究金枪鱼延绳钓钩在作业过程中的捕捞位置，以根据金枪鱼的行为特性进行网具的优化和调整，实现捕捞效益的最大化。

超声波标记在水生动物中的应用具有很大的潜力，希望在未来的鱼类行为学研究工作中，通过超声波标记能够还原更多鱼类在自然状态下的行为轨迹、昼夜分布，助力研究环境胁迫对大黄鱼行为产生的影响，为我国不同水域鱼类行为学研究，如复杂小水体环境，深海网箱和浅海围栏等，提供可行的鱼类行为监控方法以及数据支持。

参考文献

陈德慧，2011. 基于海洋牧场的黑鲷音响驯化技术研究［D］. 上海：上海海洋大学.

陈德慧，刘洪生，胡庆松，等，2012. 网箱中黑鲷音响驯化的诱集效果探究［J］. 上海海洋大学学报，21（4）：554-560.

陈天华，潘昀，冯德军，等，2018. 固定方式对水流作用下桩柱式围网网片力学特性的影响［J］. 水产学报，42（3）：452-460.

陈毓桢，1983. 鱼类的发声、听觉及其在渔业上的应用［J］. 海洋湖沼通报，3（2）：72-78.

程明华，徐如彦，1989. 黑鲷音响驯化初步试验［J］. 海洋科学，13（3）：65-67.

程守坤，2015. 鳜鱼活体运输技术基础研究［D］. 上海：上海海洋大学.

董邦宜，1983. 船体固体声控制技术综述［J］. 噪声与振动控制（2）：15-22.

郭全友，宋炜，姜朝军，等，2016. 两种养殖模式大黄鱼营养品质及其重金属含量分析［J］. 食品工业科技，37（6）：341-345.

何大仁，蔡厚才，1998. 鱼类行为学［M］. 厦门：厦门大学出版社.

胡慧子，任淑华，高健，2011. 我国大黄鱼网箱养殖污染与治理的经济学分析［J］. 上海农业学报，27（3）：98-102.

姜昭阳，张国胜，梁振林，2007. 400 Hz 矩形波连续音对鲤、草鱼音响驯化的试验研究［J］. 海洋湖沼通报（1）：137-141.

姜昭阳，张国胜，梁振林，2008. 300 Hz 矩形波连续音对真鲷音响驯化的实验研究［J］. 中国水产科学，15（1）：86-91.

解竞静，2006. 大黄鱼肌纤维生长和脂肪沉积规律以及甲状腺激素的作用［D］. 南京：南京农业大学.

梁君，陈德慧，王伟定，等，2014. 正弦波交替音对黑鲷音响驯化的实验研究［J］. 海洋学研究，32（2）：59-66.

梁君，王伟定，林桂装，等，2010. 浙江舟山人工生境水域日本黄姑鱼和黑鲷的增殖放流效果及评估［J］. 中国水产科学，17（5）：1075-1084.

廖红芳，郑忠明，REGAN Nicholaus，等，2016. 象山港大黄鱼 *Pseudosciaena crocea* 网箱养殖区沉积物-水界面营养盐通量研究［J］. 海洋学研究，34（1）：84-92.

林听听，刘鑫，王昌勃，等，2020. 船舶噪声声压级对大黄鱼幼鱼游泳、摄食行为及免疫生理指标的影响［J］. 海洋渔业，42（1）：61-72.

刘伯胜，雷家煜，2010. 水声学原理［M］. 哈尔滨：哈尔滨工程大学出版社.

刘晃，徐皓，庄志猛，2022. 封闭式养殖工船研发历程回顾［J］. 渔业现代化，49（5）：

1-7.
刘敏，张辉，2008. 鱼类消化酶的研究进展［J］. 渔业经济研究（6）：6-10.
刘贞文，许肖梅，黄二辉，等，2014. 大黄鱼的声刺激行为研究［J］. 应用海洋学学报，33（1）：105-110.
刘贞文，许肖梅，覃柳怀，2010. 大黄鱼发声信号特性研究［J］. 声学技术，29（6）：342-343.
卢玉标，游翠红，王树启，等，2014. 浅水应激后黄斑蓝子鱼生理指标变化及牛磺酸的抗应激作用［J］. 水生生物学报，38（1）：68-74.
陆忠民，1989. 乌鳢听觉球状囊微音器电位研究［J］. 首都师范大学学报（自然科学版），（1）：55-61.
彭士明，施兆鸿，李杰，等，2011. 运输胁迫对银鲳血清皮质醇、血糖、组织中糖元及乳酸含量的影响［J］. 水产学报，35（6）：831-837.
齐孟鹗，张思照，宋政修，1982. 梅童鱼的群体发声［J］. 海洋与湖沼（6）：491-495.
齐孟鹗，张思照，朱鉴平，1979. 大黄鱼噪声谱分析［J］. 海洋湖沼通报（1）：59-64.
任新敏，高大治，姚玉玲，等，2007. 大黄鱼的发声及信号特性研究［J］. 大连水产学院学报，22（2）：123-128.
施慧雄，焦海峰，尤仲杰，等，2010. 船舶噪声对鲈鱼和大黄鱼血浆皮质醇水平的影响［J］. 生态学报，30（14）：3760-3765.
侍炯，钱卫国，唐振朝，等，2014. 150 Hz 矩形波断续音对褐菖鲉音响驯化的试验研究［J］. 大连海洋大学学报，29（5）：514-519.
孙耀，宋云利，赵俊，等，2001. 钻井噪声与振动对鲤鱼生长的影响［J］. 渔业科学进展，22（1）：62-68.
孙耀，张少娜，宋云利，等，2004. 钻井噪声与振动对草鱼生长影响的现场模拟测定［J］. 渔业科学进展，25（2）：60-65.
孙耀，赵俊，姜尚亮，等，2001. 钻井噪声与振动对草鱼摄食和生长转换效率的影响——Eggers 胃含物法在现场模拟研究中的应用［J］. 生态学报，21（12）：2153-2158.
汤涛林，唐荣，刘世晶，等，2014. 罗非鱼声控投饵方法［J］. 渔业科学进展，35（3）：40-43.
田方，黄六一，刘群，等，2012. 许氏平鲉幼鱼优势音响驯化时段的初步研究［J］. 中国海洋大学学报（自然科学版），42（10）：51-54.
田涛，张国胜，张旭光，等，2007. 音响驯化技术在鲤养殖中的实验研究［J］. 中国海洋大学学报（自然科学版），37（1）：83-88.
王福表，2002. 网箱养殖水污染及其治理对策［J］. 海洋科学，26（7）：24-26.
王利娟，2015. 大口黑鲈保活运输的研究［D］. 上海：上海海洋大学.
王萍，桂福坤，吴常文，2010. 鱼类游泳速度分类方法的探讨［J］. 中国水产科学，17（5）：1137-1146.
王萍，娄宇栋，冯建，等，2018. 小麦蛋白粉替代鱼粉对大黄鱼幼鱼生长、血清生化指标及抗氧化能力的影响［J］. 水产学报，42（5）：733-743.
王文博，2005. 环境胁迫、中草药及基因转植对鱼体非特异性免疫功能的影响［D］. 武汉：中国科学院研究生院（水生生物研究所）.

魏翀，张宇，张赛，等，2013. 网箱养殖大黄鱼合成声信号特性研究［J］. 声学学报，38（3）：300-305.
吴飞飞，王萍，桂福坤，等，2014. 大黄鱼续航时间和临界游泳速度的初步研究［J］. 渔业现代化，41（4）：29-33.
伍汉霖，1992. 大黄鱼内耳解剖［J］. 上海水产大学学报，1（3）：147-152.
席峰，林利民，王志勇，2003. 大黄鱼发育进程中消化酶的活力变化［J］. 中国水产科学，10（4）：301-304.
肖雄，林淑琴，吴雄飞，等，2017. 三种不同养殖模式下大黄鱼鱼皮、鱼鳞挥发性风味成分分析［J］. 中国水产科学，24（2）：341-354.
邢彬彬，张国胜，陈帅，等，2009. 声音对不同体长鲤的诱集效果［J］. 大连海洋大学学报，24（2）：120-124.
徐钢春，杜富宽，聂志娟，等，2015. 10‰盐度对长江刀鲚幼鱼装载和运输胁迫中应激指标的影响［J］. 水生生物学报，39（1）：66-72.
许兰英，齐孟鹗，1999. 黄、渤海两种鱼噪声谱的水下观测［J］. 海洋科学（4）：13-14.
尤孝鹏，汪兰，熊光权，等，2021. 运输应激对鱼类生理特性和肌肉品质影响的研究进展［J］. 食品科学，42（7）：311-318.
袁华荣，陈丕茂，贾晓平，等，2011. 600 Hz 方波连续音对真鲷幼鱼驯化效果研究［J］. 广东农业科学，38（24）：109-113.
袁华荣，陈丕茂，贾晓平，等，2012. 利用 500 Hz 方波连续音驯化南海真鲷幼鱼的效果［J］. 南方水产科学，8（1）：36-42.
粘宝卿，黄衍镇，王军，1999. 对声屏障圈养大黄鱼的展望［J］. 海洋科学，2（4）：30-31.
张博，2015. 海上人为噪声及其对海洋鱼类影响的初步探究［D］. 上海：上海海洋大学.
张彩兰，刘家富，李雅璀，等，2002. 福建省大黄鱼养殖现状分析与对策［J］. 上海海洋大学学报，11（1）：77-83.
张国胜，1993. 深鰕虎鱼心电图的研究［J］. 大连海洋大学学报，2：66-70.
张国胜，陈勇，张沛东，等，2003. 中国海域建设海洋牧场的意义及可行性［J］. 大连海洋大学学报，18（2）：141-144.
张国胜，傅恩波，许传才，等，2000. 鱼类的听觉特性［C］//中国水产学术年会. 北京：中国水产学会.
张国胜，顾晓晓，邢彬彬，等，2012. 海洋环境噪声的分类及其对海洋动物的影响［J］. 大连海洋大学学报，27（1）：89-94.
张国胜，田涛，许传才，等，2004. 利用音响驯化提高黑鲷对饵料的利用率［J］. 大连海洋大学学报，19（3）：204-207.
张国胜，杨超杰，邢彬彬，2012. 声诱捕捞技术的研究现状和应用前景［J］. 大连海洋大学学报，27（4）：383-386.
张国胜，张沛东，陈勇，等，2002. 鲫幼鱼音响驯化的研究［J］. 大连海洋大学学报，17（1）：48-52.
张国胜，张阳，王利民，等，2010. 300 Hz 脉冲音对许氏平鲉幼鱼的驯化效果［J］. 大连海洋大学学报，25（5）：413-416.

张丽，汪之和，2010. MS-222 对大黄鱼成鱼麻醉效果的研究［J］. 湖南农业科学（18）：38-40.

张沛东，张国胜，张秀梅，2004. 移动声源对鲤、草鱼的诱引效果［J］. 中国水产科学，11（4）：339-343.

张沛东，张国胜，张秀梅，等，2004. 音响驯化对鲤鱼和草鱼的诱引作用［J］. 集美大学学报（自然版），9（2）：110-115.

张其永，洪万树，杨圣云，等，2010. 大黄鱼增殖放流的回顾与展望［J］. 现代渔业信息，25（12）：3-5.

张小康，许肖梅，彭阳明，等，2012. 集中式深水网箱群鱼群活动状态远程监测系统［J］. 农业机械学报，43（6）：178-182.

张旭光，陈佳，刘鑫，等，2021. 水下金属的腐蚀电场诱发西伯利亚鲟摄食行为反应［J］. 中国水产科学，28（10）：1272-1280.

张饮江，黎臻，谢文博，等，2012. 金鱼对低温、振动胁迫应激反应的试验研究［J］. 水产科技情报，39（3）：116-122.

张宇雷，管崇武，2017. 船载振动胁迫对斑石鲷影响实验研究［J］. 渔业现代化，44（3）：29-34.

钟爱华，储张杰，戴露怡，等，2014. 3 种养殖模式下大黄鱼肌肉营养成分比较及品质评价［J］. 安徽农业科学，42（20）：6629-6631.

周龙龙，平仙隐，李磊，等，2018. 铜围网大黄鱼养殖海域浮游植物群落结构特征及其环境效应研究［J］. 海洋渔业，40（4）：413.

周应祺，2011. 应用鱼类行为学［M］. 北京：科学出版社.

朱爱意，褚学林，2006. 大黄鱼（*Pseudosciaena crocea*）消化道不同部位两种消化酶的活力分布及其受温度、pH 的影响［J］. 海洋与湖沼，37（6）：561-567.

朱元鼎，1985. 福建鱼类志（下卷）［M］. 福建：福建科学技术出版社：135.

坂詰博，加來靖弘，1967. 音響利用漁法試験報告（Ⅱ），(低温環境でのハマチ群に反應を及ぼす音壓について）［J］. 和歌山水試事業報告（19）：14-22.

坂詰博，津島三郎，1966. 音響利用漁法試験報告（Ⅰ），(飼付漁場におけるブリ群の浮上誘致について）［J］. 和歌山水試事業報告（19）：13.

工藤勝宏，木本秀明，1994. 大分県の海洋牧場における漁業管理［J］. 水産工学，31（2）：121-126.

橋本富寿，間庭愛信，1964. 音響による魚群の誘致威嚇に関する研究［J］. 水産海洋研究会報，4：87-94.

上城義信，1991. 音響馴致システムによる魚群制御［J］. 水産工学，28（1）：65-70.

藤枝繁，松野保久，山中有一，等，1993. 養殖生簀内における魚群遊泳音の特徴［J］. 鹿児島大学水產学部紀要，42：1-9.

藤枝繁，松野保久，山中有一，等，1994. ゼロ - クロッシング法による魚群遊泳音の周期解析［J］. 日本水產学会誌，60：201-205.

畠山良己，1992. 魚の聴覚能力［J］. 水產工学，19：111-119.

張国勝，1999. マコガレイの聴覚特性に関する研究［D］. 札幌：北海道大学.

張国勝，竹村暘，1989. クモハゼ *Bathygobius fuscus* の音響生態学的研究［J］. 長崎大学水産学部研究報告，66：21-30.
竹村暘，西田知照，小林洋一，1988. 魚類の摂餌音の誘引効果について [J]. 長崎大学水産学部研究報告，63（3）：1-4.
Aalbers S A，Drawbridge M A，2008. White Seabass Spawning Behavior and Sound Production [J]. Transactions of the American Fisheries Society，137（2）：542-550.
Amorim M C，Stratoudakis Y，Hawkins A D，2004. Sound production during competitive feeding in the grey gurnard [J]. Journal of Fish Biology，65（1）：182-194.
Anderson K A，Rountree R A，Juanes F，2008. Soniferous fishes in the Hudson River [J]. Transactions of the American Fisheries Society，137（2）：616-626.
Anraku K，Makino T，Okawa F，et al，2006. Fish behavior control methods in marine ranching in Japan Ⅲ. Development of fish guidance device [J]. INOC-UMS/BMRI，ICCOSMA（b）：405-413.
Ashley P J，2007. Fish welfare：current issues in aquaculture [J]. Applied Animal Behaviour Science，104（3）：199-235.
Atoum Y，Srivastava S，Liu X M，2015. Automatic feeding control for dense aquaculture fish tanks [J]. IEEE Signal Processing Letters，22（8）：1089-1093.
Banner A，1967. Evidence of sensitivity to acoustic displacements in the lemon shark，*Negaprion brevirostris*（Poey）[J]. Lateral line detectors（1）：265-273.
Barnes M E，Hewitt C R，Parker T M，2015. Fish hatchery noise levels and noise reduction techniques [J]. Journal of agricultural safety and health，21（3）：187-195.
Bart A N，Clark J，Young J，et al，2001. Underwater ambient noise measurements in aquaculture systems：a survey [J]. Aquacultural Engineering，25（2）：99-110.
Berk I M，1998. Sound production by white shrimp（*Penaeus setiferus*），analysis of another crustacean-like sound from the Gulf of Mexico，and applications for passive sonar in the shrimping industry [J]. Journal of Shellfish Research，17（5）：1497-1500.
Borie A，Mok H，Chao N L，et al，2014. Spatiotemporal variability and sound characterization in Silver Croaker *Plagioscion squamosissimus*（Sciaenidae）in the Central Amazon [J]. PloS one，9（8）：e99326.
Braun C B，2015. Signals and noise in the octavolateralis systems：what is the impact of human activities on fish sensory function [J]. Integrative zoology，10（1）：4-14.
Breder C M，1926. The locomotion of fishes [J]. Zoologica，4：159-297.
Bullock T H，1981. Neuroethology deserves more study of evoked responses [J]. Neuroscience，6（7）：1203-1215.
Cato D H，Noad M J，Mccauley R D，2005. Passive acoustics as a key to the study of marine animals [J]. Sounds in the Sea from Ocean Acoustics to Acoustical Oceanography：411-429.
Cernak I，Savic J，Malicevic Z，et al，1996. Involvement of the central nervous system in the general response to pulmonary blast injury [J]. The Journal of trauma，40（3）：100-104.
Codarin A，Wysocki L E，Ladich F，et al，2009. Effects of ambient and boat noise on

hearing and communication in three fish species living in a marine protected area (Miramare, Italy) [J]. Marine pollution bulletin, 58 (12): 1880-1887.

Colleye O, Kéver L, Lecchini D, et al, 2016. Auditory evoked potential audiograms in post-settlement stage individuals of coral reef fishes [J]. Journal of Experimental Marine Biology and Ecology, 483: 1-9.

Connaughton M A, Fine M L, Taylor M H, 1997. The effects of seasonal hypertrophy and atrophy on fiber morphology, metabolic substrate concentration and sound characteristics of the weakfish sonic muscle [J]. Journal of Experimental Biology, 200 (Pt 18): 2449-2457.

Connaughton M A, Taylor M H, 1995. Effects of exogenous testosterone on sonic muscle mass in the weakfish, *Cynoscion regalis* [J]. General and comparative endocrinology, 100 (2): 238-245.

Conte F S, 2004. Stress and the welfare of cultured fish [J]. Applied Animal Behaviour Science, 86 (3): 205-223.

Craven A, Carton A G, Mcpherson C R, et al, 2009. Determining and quantifying components of an aquaculture soundscape [J]. Aquacultural Engineering, 41 (3): 158-165.

Demers N E, Bayne C J, 1997. The immediate effects of stress on hormones and plasma lysozyme in rainbow trout [J]. Developmental and Comparative Immunology, 21 (4): 363.

Demski L S, Gerald J W, Popper A N, 1973. Central and Peripheral Mechanisms of Teleost Sound Production [J]. American Zoologist, 13 (4): 1141-1167.

Dobrin M B, 1947. Measurements of underwater noise produced by marine life [J]. Science, 105 (2714): 19-23.

Dodd K T, Mundie T G, Lagutchik M S, et al, 1997. Cardiopulmonary effects of high-impulse noise exposure [J]. Journal of Trauma and Acute Care Surgery, 43 (4): 656-666.

Eddsealton P L, Fay R R, 2009. Physiological evidence for binaural directional computations in the brainstem of the oyster toadfish, *Opsanus tau* (L.) [J]. Journal of Experimental Biology, 212 (10): 1483.

Engås A, Løkkeborg S, 2002. Effects of seismic shooting and vessel-generated noise on fish behaviour and catch rates [J]. Bioacoustics, 12 (2-3): 313-316.

Engås A, Løkkeborg S, Ona E, et al, 1996. Effects of seismic shooting on local abundance and catch rates of cod (*Gadus morhua*) and haddock (*Melanogrammus aeglefinus*) [J]. Canadian Journal of Fisheries and Aquatic Sciences, 53 (10): 2238-2249.

Farcas A, Thompson P M, Merchant N D, 2016. Underwater noise modelling for environmental impact assessment [J]. Environmental Impact Assessment Review, 57: 114-122.

Fay R R, 1989. Hearing in vertebrates: a psychophysics databook [M].

Fay R R, Popper A N, 1974. Acoustic stimulation of the ear of the goldfish (*Carassius* auratus) [J]. Journal of Experimental Biology, 61 (1): 243.

Fay R R, Ream T J, 1986. Acoustic response and tuning in saccular nerve fibers of the goldfish (*Carassius auratus*) [J]. Journal of the Acoustical Society of America, 79 (6): 1883-1895.

Filiciotto F, Cecchini S, Buacaino G, et al, 2016. Impact of aquatic acoustic noise on oxidative status and some immune parameters in gilthead sea bream *Sparus aurata* (Linnaeus, 1758) juveniles [J]. Aquaculture Research, 47 (4): 1-9.

Fine M L, Schrinel J, Cameron T M, 2004. The effect of loading on disturbance sounds of the Atlantic croaker *Micropogonius undulatus*: Air vs. water [J]. Journal of the Acoustical Society of America, 116 (2): 1271-1275.

Fish J F, 1966. Sound production in the american lobster, *Homarus americanus* H. Milne Edwards (Decapoda Reptantia) [J]. Crustaceana, 11 (1): 105-106.

Fish J F, Cummings W C, 1972. A 50-dB Increase in Sustained Ambient Noise from Fish (*Cynoscion xanthulus*) [J]. The Journal of the Acoustical Society of America, 52 (4B): 1266-1270.

Fish M P, 1954. The character and significance of sound production among fishes of the western North Atlantic [M].

Fish M P, 1964. Biological sources of sustained ambient sea noise [M]. Narragansett Marine Laboratory, University of Rhode Island.

Frisch K V, 1938. The sense of hearing in fish [J]. Nature, 141 (3557): 8-11.

Frisch K V, Dijkgraaf S, 1935. Can fish perceive sound direction [J]. Z vergl Physiol, 22: 641-655.

Grenuit K, Bray W, 2006. Soundscape measurement and analysis [J]. Journal of the Acoustical Society of America, 119 (5): 3260.

Halvorsen M B, Wysocki L E, Popper A N, 2006. Effects of high-intensity sonar on fish [J]. The Journal of the Acoustical Society of America, 119 (5): 3283-3283.

Handegard N O, Boswell K M, Ioannou C C, et al, 2012. The dynamics of coordinated group hunting and collective information transfer among schooling prey [J]. Current Biology Cb, 22 (13): 1213-1217.

Handegard N O, Boswell K, De Robertis A, et al, 2016. Investigating the effect of tones and frequency sweeps on the collective behavior of penned herring (*Clupea harengus*) [C] //The effects of noise on aquatic life Ⅱ. New York: Springer: 391-398.

Hastings M C, 2015. Assessment of acoustic impacts on marine animals [J]. Noise News International, 23 (1): 13-21.

Hattingh J, Petty D, 1992. Comparative physiological responses to stressors in animals [J]. Comparative Biochemistry & Physiology Part A Physiology, 101 (1): 113-116.

Hawkins A D, Pembroke A E, Popper A N, 2015. Information gaps in understanding the effects of noise on fishes and invertebrates [J]. Reviews in Fish Biology & Fisheries, 25 (1): 39-64.

Heyd A, Pfeiffer W, 2000. Über die Lauterzeugung der Welse (Siluroidei, Ostariophysi,

Teleostei) und ihren Zusammenhang mit der Phylogenese und der Schreckreaktion [J]. Rev Suisse Zool, 107: 165-211.

Horodysky A Z, Brill R W, FINE M L, et al, 2008. Acoustic pressure and particle motion thresholds in six sciaenid fishes [J]. Journal of Experimental Biology, 211 (9): 1504-1511.

Iversen R T, Perkins P J, 1963. An Indication of Underwater Sound Production by Squid [J]. Nature, 199 (4890): 250-251.

Jewett D L, Williston J S, 1971. Auditory-evoked far fields averaged from the scalp of humans. [J]. Brain, 94 (4): 681-696.

Jiang Z J, Fang J G, Mao Y Z, et al, 2010. Eutrophication assessment and bioremediation strategy in a marine fish cage culture area in Nansha Bay, China [J]. Journal of Applied Phycology, 22 (4): 421-426.

Kaata I M, 2002. Multiple sound-producing mechanisms in teleost fishes and hypotheses regarding their behavioural significance [J]. Bioacoustics, 12 (2-3): 230-233.

Keevin T M, 1998. A review of natural resource agency recommendations for mitigating the impacts of underwater blasting [J]. Reviews in Fisheries Science, volume 6 (4): 281-313.

Kenyon T N, Ladich F, Yan H Y, 1998. A comparative study of hearing ability in fishes: the auditory brainstem response approach [J]. J Comp Physiol A, 182 (3): 307-318.

Ladich F, 2014. Fish bioacoustics [J]. Current opinion in neurobiology, 28 (4): 121-127.

Ladich F, Fay R R, 2013. Auditory evoked potential audiometry in fish [J]. Reviews in Fish Biology and Fisheries, 23 (3): 317-364.

Ladich F, Fine M L, 2006. Sound-generating mechanisms in fishes: a unique diversity in vertebrates [J]. Communication in fishes, 1: 3-43.

Lagardere J P, Mallekh R, Mariani A, 2004. Acoustic characteristics of two feeding modes used by brown trout (*Salmo trutta*), rainbow trout (*Oncorhynchus mykiss*) and turbot (*Scophthalmus maximus*) [J]. Aquaculture, 240 (1-4): 607-616.

Lagardere J, 2000. Feeding sounds of turbot (*Scophthalmus maximus*) and their potential use in the control of food supply in aquaculture I. Spectrum analysis of the feeding sounds [J]. Aquaculture, 189 (3-4): 251-258.

Lima S L, Dill L M, 1990. Behavioral decisions made under the risk of predation: a review and prospectus [J]. Canadian Journal of Zoology, 68 (4): 619-640.

Lobel P S, 2001. Fish bioacoustics and behavior: passive acoustic detection and the application of a closed-circuit rebreather for field study [J]. Marine Technology Society Journal, 35 (2): 19-28.

Lovell J M, Findlay M M, Moate R M, et al, 2005. The inner ear morphology and hearing abilities of the Paddlefish (*Polyodon spathula*) and the Lake Sturgeon (*Acipenser fulvescens*) [J]. Comp Biochem Physiol A Mol Integr Physiol, 142 (3): 286-296.

Lu Z, Popper A N, Fay R R, 1996. Behavioral detection of acoustic particle motion by a teleost fish (*Astronotus ocellatus*): sensitivity and directionality [J]. Journal of

Comparative Physiology A：Neuroethology，Sensory，Neural，and Behavioral Physiology，179（2）：227-233.

Mann D，Lu Z，Hastings M，et al，1998. Detection of ultrasonic tones and simulated dolphin echolocation clicks by a teleost fish，the American shad（*Alosa sapidissima*）[J]. Journal of the Acoustical Society of America，104（1）：562-568.

Ma. C，Mh. F M T，2000. Effects of fish size and temperature on weakfish disturbance calls：Implications for the mechanism of sound generation [J]. Journal of Experimental Biology，203（9）：1503-1512.

Mccauley R D，Fewtrell J，Popper A N，2003. High intensity anthropogenic sound damages fish ears [J]. Acoustical Society of America Journal，113（1）：638-642.

Mclaughlin K E，Kunc H P，2015. Changes in the acoustic environment alter the foraging and sheltering behaviour of the cichlid *Amititlania nigrofasciata* [J]. Behavioural processes，116（6）：75-79.

Mok H，Gilmore R G，1983. Analysis of sound production in estuarine aggregations of *Pogonias cromis*，*Bairdiella chrysoura*，and *Cynoscion nebulosus*（Sciaenidae）[J]. Bulletin of the Institute of Zoology，Academia Sinica，22（2）：157-186.

Mok H，Yu H，Ueng J，et al，2009. Characterization of sounds of the blackspotted croaker *Protonibea diacanthus*（Sciaenidae）and localization of its spawning sites in estuarine coastal waters of Taiwan [J]. Zool. Stud，48（3）：325-333.

Moulton J M，1960. Swimming Sounds and the Schooling of Fishes [J]. Biological Bulletin，119（2）：210-223.

Moulton James M，1971. Sounds of Western North Atlantic fishes：a reference file of biological underwater sounds [J]. Deep Sea Research and Oceanographic Abstracts，18（2）.

Myrberg J，Arthur A，1981. Sound communication and interception in fishes [M]. New York：Springer：395-426.

Nedelec S L，Campbell J，Radford A N，2021. Particle motion：The missing link in underwater acoustic ecology [J]. Methods in Ecology and Evolution（10）：12.

Nomura S，Ibaraki T，Shirahata S，1969. Electrocardiogram of the rainbow trout and its radio transmission [J]. Nihon juigaku zasshi. The Japanese journal of veterinary science，31（3）：135-147.

Nursall J R，1962. Swimming and the Origin of Paired Appendages [J]. American Zoologist，2（2）：127-141.

Oets J，1950. Electrocardiograms of fishes [J]. Physiol. Comp. Oecol，2：181-186.

Oilivier D，Frederich B，Herrel A，et al，2015. A morphological novelty for feeding and sound production in the yellowtail clownfish [J]. Journal of Experimental Zoology Part A：Ecological Genetics and Physiology，323（4）：227-238.

Otis L S，Cerf J A，Thomas G J，1957. Conditioned inhibition of respiration and heart rate in the goldfish. [J]. Science（New York，NY），126（3267）：263-264.

Paker AKER G H，1903. The sense of hearing in fishes [J]. The American Naturalist，37

(435)：185-204.

Patek S N，2002. Squeaking with a sliding joint：mechanics and motor control of sound production in palinurid lobsters [J]. Journal of experimental biology，205 (16)：2375-2385.

Pearson W H，Skalski J R，Malme C I，1992. Effects of Sounds from a Geophysical Survey Device on Catch-per-Unit-Effort in a Hook-and-Line Fishery for Rockfish (*Sebastes* spp.) [J]. Canadian Journal of Fisheries & Aquatic Sciences，49 (7)：1357-1365.

Piggott C L，1964. Ambient sea noise at low frequencies in shallow water of the Scotian Shelf [J]. Journal of the Acoustical Society of America，36 (11)：2152.

Popper A N，1970. Auditory capacities of the Mexican blind cave fish (*Astyanax jordani*) and its eyed ancestor (*Astyanax mexicanus*) [J]. Animal behaviour，18：552-562.

Popper A N，2007. The effects of high-intensity，low-frequency active sonar on rainbow trout [J]. Journal of the Acoustical Society of America，122 (1)：623-635.

Popper A N，Fay R R，Platt C，et al，2003. Sound Detection Mechanisms and Capabilities of Teleost Fishes [M]. New York：Springer.

Popper A N，Hastings M C，2009. The effects of anthropogenic sources of sound on fishes [J]. Journal of Fish Biology，75 (3)：455-489.

Popper A，Plachta D，MANN D，et al，2004. Response of clupeid fish to ultrasound：a review [J]. ICES Journal of Marine Science，61 (7)：1057-1061.

Radford A N，Kerridge E，Simpson S D，2014. Acoustic communication in a noisy world：can fish compete with anthropogenic noise? [J]. Behavioral Ecology，25 (5)：1022-1030.

Ramcharitar J，Gannin D P，PopperR A N，2006. Bioacoustics of fishes of the family Sciaenidae (croakers and drums) [J]. Transactions of the American Fisheries Society，135 (5)：1409-1431.

Richardson W J，Greene C R，Malme C I，et al，1995. Marine Mammals and Noise [M].

Rigby J R，Wren D G，Kuhnle R A，2016. Passive acoustic monitoring of bed load for fluvial applications [J]. Journal of Hydraulic Engineering，142 (9)：2516003.

Rountree R，Juanes F，Goudey C，2006. Listening to fish：Applications of passive acoustics to fisheries [J]. Journal of the Acoustical Society of America，119 (5)：3277.

Sara G，Dean J M，D′Amato D，et al，2007. Effect of boat noise on the behaviour of bluefin tuna *Thunnus thynnus* in the Mediterranean Sea [J]. Marine Ecology Progress，331 (1)：243-253.

Saucier M H，Baltz D M，1993. Spawning site selection by spotted seatrout，*Cynoscion nebulosus*，and black drum，*Pogonias cromis*，in Louisiana [J]. Environmental biology of Fishes，36 (3)：257-272.

Scholik A R，2002. The effects of noise on the auditory sensitivity of the bluegill sunfish，*Lepomis macrochirus* [J]. Comparative Biochemistry & Physiology Part A Molecular & Integrative Physiology，133 (1)：43-52.

Scholik A R，Yan H Y，2002. Effects of Boat Engine Noise on the Auditory Sensitivity of the Fathead Minnow，*Pimephales promelas* [J]. Environmental Biology of Fishes，63

(2)：203-209.

Scholik A，2000. Effects of underwater noise on auditory sensitivity of a cyprinid fish [J]. Journal of the Acoustical Society of America，107 (5)：17-24.

Sebastianutto L，Stocker M，Picciulin M，2016. Communicating the issue of underwater noise pollution：The Deaf as a Fish Project [J]. Advances in Experimental Medicine & Biology，875：993.

Shishkova E V，1958a. Notes and investigations on sound produced by fishes [J]. Tr. Vses. Inst. Ribn. Hozaist. Okeanograf，280：294.

Shishkova E V，1958b. On the reactions of fishes to sounds and the spectrum of trawler noise [J]. Tr. Vses. Inst. Morsk. Ribn. Hozaist. Okeanograf，34：33-39.

Simith M E，Kane A S，Popper A N，2004. Noise-induced stress response and hearing loss in goldfish (*Carassius auratus*) [J]. Journal of Experimental Biology，207 (3)：427-435.

Simmonds M P，Dolman S J，Jasny M，et al，2014. Marine noise pollution-increasing recognition but need for more practical action [J]. Journal of Ocean Technology，9 (1)：71-90.

Sisnerou J A，Popper A N，Hawkins A D，et al，2016. Auditory Evoked Potential Audiograms Compared with Behavioral Audiograms in Aquatic Animals [J]. Advances in Experimental Medicine & Biology，875：1049-1056.

Skudrzyk E J，Haddle G P，1963. Flow noise，theory and experiment [J]. Underwater Acoustics：255-278.

Slabbekoorn H，Bouton N，Van O I，et al，2010. A noisy spring：the impact of globally rising underwater sound levels on fish [J]. Trends in Ecology & Evolution，25 (7)：419-427.

Slotte A，Hansen K，Dalen J，et al，2004. Acoustic mapping of pelagic fish distribution and abundance in relation to a seismic shooting area off the Norwegian west coast [J]. Fisheries Research，67 (2)：143-150.

Smith M E，Coffin A B，Miller D L，et al，2006. Anatomical and functional recovery of the goldfish (*Carassius auratus*) ear following noise exposure [J]. Journal of Experimental Biology，209 (21).

Sousa-Lima R S，Norris T F，Oswald J N，et al，2013. A review and inventory of fixed autonomous recorders for passive acoustic monitoring of marine mammals [J]. Aquatic Mammals，39 (2)：205-210.

Tavolga W N，1971. Sound production and detection [J]. Fish physiology，5：135-205.

Tavolga W N，Wodinsky J，1963. Auditory capacities in fishes：pure tone thresholds in nine species of marine teleosts [M]. New York：American Museum of Natural History.

Tavolga W N，Wodinsky J，1965. Auditory capacities in fishes：Threshold variability in the blue-striped grunt，*Haemulon sciurus* [J]. Animal Behaviour，13 (2-3)：301-311.

Tellechea J S，Fine M L，Norbis W，2017. Passive acoustic monitoring，development of disturbance calls and differentiation of disturbance and advertisement calls in the Argentine croaker *Umbrina canosai* (Sciaenidae) [J]. Journal of Fish Biology.

Tellechea S J, Martinez C, Fine M L, et al, 2010. Sound production in whitemouth croaker (*Micropogonias furnieri*, Sciaenidae) and relationship between fish size and disturbance call parameters [J]. Environmental Biology of Fishes, 89 (2): 163.

Tower R W, 1908. The production of sound in the drumfishes, the sea-robin and the toadfish [J]. Annals of the New York Academy of Sciences, 18 (1): 149-180.

Vasconcelos R O, Amorim M C P, Ladich F, 2007. Effects of ship noise on the detectability of communication signals in the Lusitanian toadfish [J]. Journal of Experimental Biology, 210 (12): 2104-2112.

Voellmy I K, PURSER J, FLYNN D, et al, 2014. Acoustic noise reduces foraging success in two sympatric fish species via different mechanisms [J]. Animal Behaviour, 89 (19): 191-198.

Wardle C S, Carter T J, Urquhart G G, et al, 2001. Effects of seismic air guns on marine fish [J]. Continental Shelf Research, 21 (23): 1005-1027.

Wenz G M, 1962. Acoustic ambient noise in the ocean: spectra and sources [J]. Journal of the Acoustical Society of America, 34 (12): 1936-1956.

Williams R, Wright A J, Ashe E, et al, 2015. Impacts of anthropogenic noise on marine life: publication patterns, new discoveries, and future directions in research and management [J]. Ocean & Coastal Management, 115 (1): 17-24.

Wycocki L E, Dittami J P, Ladich F, 2006. Ship noise and cortisol secretion in European freshwater fishes [J]. Biological Conservation, 128 (4): 501-508.

Wysocki L E, 2007. Diversity in ambient noise in European freshwater habitats: noise levels, spectral profiles, and impact on fishes [J]. Journal of the Acoustical Society of America, 121 (5): 2559-2566.

Zhang X, Guo H, Zhang S, et al, 2015. Sound production in marbled rockfish (*Sebastiscus marmoratus*) and implications for fisheries [J]. Integr Zool, 10 (1): 152-158.

图书在版编目（CIP）数据

大黄鱼声敏感性与行为学研究 / 殷雷明，宋炜，叶林昌著．—北京：中国农业出版社，2023.8
ISBN 978-7-109-30997-5

Ⅰ.①大… Ⅱ.①殷… ②宋… ③叶… Ⅲ.①大黄鱼—海水养殖 Ⅳ.①S965.322

中国国家版本馆 CIP 数据核字（2023）第 148756 号

中国农业出版社出版
地址：北京市朝阳区麦子店街 18 号楼
邮编：100125
责任编辑：王金环 肖 邦 文字编辑：李雪琪
版式设计：王 晨 责任校对：吴丽婷
印刷：北京通州皇家印刷厂
版次：2023 年 8 月第 1 版
印次：2023 年 8 月北京第 1 次印刷
发行：新华书店北京发行所
开本：700mm×1000mm 1/16
印张：7.75
字数：120 千字
定价：50.00 元